农业可持续发展综合示范区建设研究
——以江西省新余市为例

◎ 高尚宾　薛颖昊　徐志宇　陈长青　等　编著

U0348206

中国农业科学技术出版社

图书在版编目（CIP）数据

　　农业可持续发展综合示范区建设研究：以江西省新余市为例 /
高尚宾等编著 . — 北京：中国农业科学技术出版社，2018.7
　　ISBN 978-7-5116-3765-9

　　Ⅰ . ①农… 　Ⅱ . ①高… 　Ⅲ . ①农业可持续发展—农业综合发
展—研究—新余 　Ⅳ . ① F327.563

中国版本图书馆 CIP 数据核字（2018）第 145958 号

责任编辑　李　雪　徐定娜
责任校对　贾海霞

出 版 者　中国农业科学技术出版社
　　　　　　北京市中关村南大街 12 号　邮编：100081
电　　话　（010）82109707（编辑室）（010）82109702（发行部）
　　　　　　（010）82109709（读者服务部）
传　　真　（010）82109707
网　　址　http://www.castp.cn
发　　行　全国各地新华书店
印 刷 者　北京富泰印刷有限责任公司
开　　本　710 mm×1 000 mm　1/16
印　　张　10.5
字　　数　177 千字
版　　次　2018 年 7 月第 1 版　2018 年 7 月第 1 次印刷
定　　价　68.00 元

《农业可持续发展综合示范区建设研究——以江西省新余市为例》编著人员

主编著

高尚宾　薛颖昊　徐志宇　陈长青

副主编著

徐海顺　白春明　靳　拓　贾　涛

参加编著人员（按姓名笔画排序）

习　斌　王　利　文北若　尹建锋　龙致炜　白春明

刘亚丽　孙仁华　孙新素　李欣欣　李垚奎　李晓华

李朝婷　吴泽嬴　张桂彬　张霁萱　陈长青　陈宝雄

周　玮　郑顺安　居学海　段青红　秦天昱　袁宇志

贾　涛　倪润祥　徐文勇　徐志宇　徐海顺　高尚宾

黄　波　靳　拓　薛颖昊　魏莉丽

前　言

　　习近平总书记指出，农业发展不仅要杜绝生态环境欠新账，而且要逐步还旧账；推进农业绿色发展是农业发展观的一场深刻革命。推进农业可持续发展，是贯彻绿色发展新理念、推进农业供给侧结构性改革的必然要求，是加快农业现代化、转变农业发展方式的重大举措，是守住绿水青山、建设美丽中国的时代担当。《国民经济和社会发展第十三个五年规划纲要》和《全国农业可持续发展规划（2015—2030年）》均对农业可持续发展提出了高标准、严要求，要求探索具有中国特色的农业可持续发展道路。江西省生态环境质量位居全国前列，在生态文明建设中接力探索实践，取得了较好成效，获批成为我国首批全境列入生态文明先行示范区建设的省份之一。因此，研究江西省农业可持续发展综合示范区的建设，具有十分重要的现实意义。

　　新余市地处赣西地区中心位置，是赣、浙、粤、鄂、湘等5省交通枢纽，区位优势明显，文化底蕴浓郁，旅游资源丰富。新余市人均生产总值和城镇居民人均可支配收入均位居江西省前列，其粮食生产、畜禽养殖、农产品加工等方面的优势在江西省乃至全国十分显著，是国家商品粮、瘦肉型猪基地，循环农业特色明显。近年来，新余市农业现代化取得了较大成就，也付出了不少代价，农业发展面临资源条件和生态环境两个"紧箍咒"，农业综合效益不高、产品竞争力不强、农村劳动力结构性失衡等问题日益凸显。所以，转变农业发展观，探索具有新余特色的农业可持续发展道路，实现农业绿色发展，迫在眉睫、刻不容缓。

本研究在剖析新余市农业发展基础条件与产业状况的基础上，遵循"创新、协调、绿色、开放、共享"的发展理念，深入挖掘赣西农耕文化底蕴，以农业生产可持续、生态环境可持续、社会发展可持续为目标，探索打造可推广、复制的农业可持续发展的创新型"新余模式"。在空间布局上，以"中优主城、东进罗坊、西联仙湖、北融新城"为发展战略，形成"一圈、一核、两带、三区、多点"的总体格局，构建区域"点—面—片"农业体系。在循环体系上，分别在生产、产业、地域三个不同尺度和层次范围内构建清洁生产和资源节约高效利用的可持续循环农业体系，构建"主体小循环、园区中循环、市域大循环"的新格局。在重点任务上，通过"6个一批"充分辐射带动周边区域，即出台一批绿色发展政策、发展一批生态示范农场、壮大一批生态示范农庄、培养一批生态农民、培育一批生态产业、建立一条全产业服务链。在生产可持续上，重点构建优质粮油、健康养殖、绿色蔬菜、区域特色等"八大产业"。在生态可持续上，重点突出节水高效利用、化肥农药减量化、农业废弃物资源化等"四大工程"。在社会可持续上，重点打造现代农业经营主体培育、农业生产社会化服务、农业金融与保险服务等"六大支撑体系"。最后，建立健全组织、政策、资金、人才、科技等"五大保障体系"，着力将新余市建设成为"三产"融合型国家农业可持续发展综合示范区、江西省全市域绿色农业示范区和江西省统筹城乡发展先行示范区。

本研究得到了新余市人民政府和新余市农业局的大力支持，与南京农业大学和中国农业大学共同完成。本研究时间紧、任务重，编者调研考察和掌握的资料也较为有限，书中可能还存在着一些值得商榷之处。恳请大家批评指正。

编著者

2018 年 4 月

目　录

规划背景与意义

推进农业绿色发展，是贯彻新发展理念、推进农业供给侧结构性改革的必然要求，是加快农业现代化、促进农业可持续发展的重大举措，是守住绿水青山、建设美丽中国的时代担当。要把农业绿色发展摆在生态文明建设全局的突出位置，全面建立以绿色生态为导向的制度体系，实现农业可持续发展、农民生活更加富裕、乡村更加美丽宜居。江西省生态环境质量位居全国前列，在生态文明建设中接力探索实践，取得了较好成效，获批成为我国首批全境列入生态文明先行示范区建设的省份之一。江西省牢牢把握这个历史性机遇，部署"建设国家生态文明试验区，打造美丽中国、江西样板"。围绕"生态自然之美、和谐文明之美、绿色发展之美、制度创新之美"，探索生态文明建设新模式，并着力构建生态有机的绿色农业体系。以发展绿色生态农业为主攻方向，以加强农业面源污染治理为基本要求，着力推进产业集群发展，深化农业农村改革，大胆实践，改革创新，扎实推进生态文明先行示范区建设农业专项工作。为打造美丽中国"江西样板"的新余特色，新余市委市政府邀请农业农村部农业生态与资源保护总站联合南京农业大学共同编制《江西省新余市农业可持续发展综合示范区规划》，以明确农业可持续发展方向和路径，指导全市农业绿色发展。

1.1 规划背景

1.1.1 加快推进农业供给侧结构性改革，实施乡村振兴战略，把绿色发展作为我国农业农村长期发展的主线

习近平总书记在十九大报告中首次提出实施乡村振兴战略。战略中提出要坚持农业农村优先发展，按照产业兴旺、生态宜居、乡风文明、治理有效、生活富

裕的总要求，建立健全城乡融合发展体制机制和政策体系，加快推进农业农村现代化。推进农业供给侧结构性改革，提高农业综合效益和竞争力，是当前和今后一个时期中国农业政策改革和完善的主要方向。2017年中央一号文件把推进农业供给侧结构性改革作为主题，提出顺应新形势新要求，坚持问题导向，调整工作重心，深入推进农业供给侧结构性改革，加快培育农业农村发展新动能，开创农业现代化建设新局面。

当前，农业发展的内外部环境发生深刻变化，各种新老矛盾相互交织叠加，从供给侧看，突出表现为供需结构失衡、产销衔接失衡、要素配置失衡"三个失衡"。农业供给侧结构性改革，从内涵上讲，是要解决制约农业农村发展的结构性、体制性矛盾，调整优化农业农村经济结构，着力培育农业农村发展新的动能，加快构建现代农业生产体系、产业体系和经营体系，推动中国农业农村发展由过度消耗资源生态、满足"量"的需求为主，向集约节约利用资源，满足"质"的需求和追求可持续发展转变。其核心任务，是用改革的办法，推动农业生产组织形式和调控管理方式创新，建立以资源生态为基准、以市场需求为导向的要素配置机制和产品供给体系，重点化解资源错配和供需错位等结构性问题，保障主要农产品供给安全，减少过剩低端供给，扩大有效和中高端供给，提高农业的质量效益和竞争力。

2017年一号文件指出，推进农业供给侧结构性改革，要推进绿色发展，增强农业可持续发展能力。全面提升农产品质量安全水平，大力发展节水农业，推进化肥农药减量增效，全面推进农业废弃物资源化利用，扩大耕地轮作休耕制度试点规模，强化动物疫病防控等。一号文件特别注重抓手、平台和载体的建设。主要体现为"三区、三园、一体"。"三区"就是粮食生产的功能区、重要农产品的保护区和特色农产品的优势区；"三园"指的是现代农业产业园、科技园、创业园；"一体"是指田园综合体。总体上来讲，通过"三区、三园和一体"的建设，来优化农村的产业结构，促进三产的深度融合，把农村各种资金、科技、人才、项目等要素聚集在一起，加快推动现代农业的发展。2017年9月，中共中央办公厅、国务院办公厅印发了《关于创新体制机制推进农业绿色发展的意见》，意见指出要把农业绿色发展摆在生态文明建设全局的突出位置，全面建立以绿色生态为导向的制度体系，基本形成与资源环境承载力相匹配、与生产生活生态相协调的农业发展格局，努力实现耕地数量不减少、耕地质量不降低、地下水不超采，化肥、农药使用量零增长，秸秆、畜禽粪污、农膜全利用，实现农业可持续发展、农民生活更加富裕、乡村更加美丽宜居。

1.1.2 稳步推进江西省生态文明先行示范区建设，推动绿色生态农业发展

2014年底，国家正式批复《江西省生态文明先行示范区建设实施方案》，江西建设生态文明先行示范区上升为国家战略，这是江西第一个全境列入的国家战略。方案明确了建设中部地区绿色崛起先行区、大湖流域生态保护与科学开发典范区、生态文明体制机制创新区等三大示范定位。提出到2017年生态文明建设取得积极成效，到2020年生态文明先行示范区建设取得重大进展的阶段目标。明确优化国土空间开发格局、调整优化产业结构、推行绿色循环低碳生产方式、加大生态建设和环境保护力度、加强生态文化建设、创新体制机制等六大任务。2015年底，江西省委省政府出台《关于建设生态文明先行示范区的实施意见》，对农业可持续发展提出了明确要求：一是要加快产业转型升级，发展特色生态农业，大力推进农产品规模化、标准化、生态化生产，实施现代农业示范园区建设工程，积极创建一批国家级现代农业示范区和国家有机产品认证示范区。二是要抓紧编制现代农业强省建设规划，加快制定完善新型农业经营体系、农村产权制度等方面的政策意见。三是要全面推广农业清洁生产技术，推动农业生产循环化改造，加快创建一批"猪-沼-果"、"秸秆-食用菌-有机肥-种植"、林禽渔立体复合种养等模式的循环型生态农业示范园。四是要推广农业面源和农村生活污水与垃圾处理适用技术，加大农业面源污染防治力度，建设一批重要农产品产区病虫害安全用药示范区。五是要开展农村重金属污染耕地农业结构调整试点，实施历史遗留废弃矿山和国有老矿山地质环境恢复治理工程。2017年3月，《江西省农业生态环境保护条例》经省十二届人大常委会第三十二次会议审议通过，已于10月1日起施行。这是江西省农业生态环境保护方面的第一部地方性法规，明确了各级人民政府及农业、环境保护部门等相关部门在农业生态环境保护工作中的职责，对农用地分类保护、农用水水质监测、野生种质资源和外来物种监管等保护措施作出了具体规定，同时，对畜禽养殖禁养区管理、畜禽养殖废弃物无害化处理和综合利用、农业投入品目录管理、使用农业投入品规范、农业投入品废弃物回收利用等污染防治措施在法律制度层面上加以确认，具有较强的针对性、实用性和可操作性。

1.1.3 切实推进新余市农业可持续发展综合示范区建设，推动绿色转型升级

　　江西省委省政府出台的《关于建设生态文明先行示范区的实施意见》对新余提出了明确要求，一是推进新余新能源示范城市建设；二是推进新余水生态文明城市试点；三是支持新余开展农村重金属污染耕地农业结构调整试点；四是支持新余开展低碳工业园区试点建设。农业可持续发展是生态文明示范区建设的内在要求，生态文明建设利好政策的出台为新余市农业可持续发展提供了指导和有力的保障。新余市委市政府高度重视农业可持续发展，畜牧、蜜桔、水稻三大主导优势产业快速发展，积极开展农业重金属污染治理，优化养殖项目布局，实施生猪养殖业生态化改造，规模化商业化企业化的沼气产业初步形成，推广了猪沼肥果、猪沼肥稻、草牛沼草、猪工贸产业链等一批发展模式，探索依靠核心企业提供社会服务解决中小规模化养殖场废弃物的集中产业化循环发展机制。制定了一系列规划，包括《江西省新余市高新区省级现代农业规划》、《分宜县国家级现代农业示范区规划》、《渝水区省级现代农业示范区规划》、《仙女湖区省级现代农业示范区规划》等。出台了《新余市环境保护与生态建设"十三五"规划重大项目表》、《新余市生猪养殖业生态化改造方案的通知》、《关于开展"保家行动"的通知》、《推进绿色生态农业发展实施意见》、《水环境突出问题整治意见》、《新（改、扩）建畜禽养殖场审核备案管理办法》等一系列推动农业可持续发展的政策性文件。开展了集体资产产权制度、综合产权交易中心、全国新型职业农民培训推进试点等工作。各级政府、各部门齐心协力推动农业可持续发展能力建设，新余市农业可持续发展的示范引领作用越来越突出。

1.2 规划意义

1.2.1 树立农业可持续发展样板，引领区域农业可持续发展

　　总体上看，新余市生态农业发展态势良好，但在产业布局、系统设计、长期发展等方面仍存在问题，通过规划实施，遵循农业可持续发展的规律，结合新余实际，从强化科技、完善设施、优化结构、转变方式、体制机制创新等方面入手着力发展现代农业，加大示范区建设支持力度，将进一步提升新余市农业物质技

术装备水平和产业化水平，提高劳动生产率、土地产出率和资源利用率，促进粮食生产稳定发展和农民持续增收，切实保护和改善生态环境。努力将新余市打造成为现代农业要素的集聚区、新技术和新成果展示的重要窗口、探索农业可持续发展道路的试验区，建设农业可持续发展的样板，作为典型引领赣都区域乃至全国农业可持续发展。

1.2.2 建设绿色有机农产品生产基地，推进区域大健康产业发展

新余市品牌战略已取得显著成效，恩达家纺品牌获得中国驰名商标，另有江西著名商标 35 件、市知名商标 29 件，地理标志认证一家（新余蜜桔），有机食品 2 家，获得认证的有机农产品有 17 个、绿色食品 21 个。但这些品牌知名度不够，不足以与国际、国内大品牌竞争。新余著名有机鱼需进一步扩大知名度，与当地及外地餐饮巨头对接合作，带动渔业发展。与国外相比，新余的休闲农业还没有挖掘和使用品牌效应，有影响力的休闲主体还不多。需大力发展高效生态农业，着力推进农业标准化生产和管理，加强绿色农产品、绿色食品、有机食品生产基地建设，打造一批国内外知名的绿色生产品牌。以发展绿色、高附加值农产品为重点，促进农业的有机化、绿色化发展，探索建立具有新余特色的农业绿色发展新途径，与休闲旅游养生资源等结合，共同推动区域大健康产业发展。

1.2.3 促进一二三产业融合发展，推动率先全面实现小康社会

2015 年新余市全年城镇居民人均可支配收入 29 836 元，增长 8.0%，绝对值仅次于南昌，居全省第二；农村居民人均可支配收入 13 986 元，增长 9.0%，绝对值仅次于萍乡，居全省第二。农村居民收入增长继续快于城镇居民，城乡居民收入差距进一步缩小。但是增加农民收入的任务还非常繁重，与市委、市政府确定的提前全面建成小康社会，统筹工业化、城镇化、信息化和农业现代化协调发展相比还有一定的差距。推进农业可持续发展示范区建设，通过培育家庭农场、专业大户、农民合作社、龙头企业等新型经营主体，加快金融、产权等制度创新，构建利益联结机制，构建长效的农村一二三产业融合发展推进机制，加快培育智能农业、循环农业、会展农业等新业态，推动种养业、加工物流、休闲农业、信息服务业协同发展，拓宽农业增收渠道，推进农民增收和农业增效，努力确保新余市城乡居民收入差距持续缩小，推动城乡统筹、一体化发展。

2

农业可持续发展内涵与趋势

2.1 农业可持续发展的内涵

20 世纪 80 年代，农业可持续作为一种农业思潮在全球迅速传播，受到世界各国的关注并付诸实践。1980 年 3 月联合国向世界发出了"确保全球持续发展"的呼吁，1983 年成立了世界环境与发展委员会（WECD），1985 年，美国加尼福利亚议会通过的《可持续农业研究教育法》正式提出了农业可持续发展这个概念。1987 年美国农业部可持续农业研究与教育计划（SARE）正式提出了农业可持续发展的模式。1991 年 4 月，联合国粮农组织（PAO）在荷兰召开国际农业与环境会议，形成了可持续农业和乡村发展（SABD）的丹波宣言，提出了农业可持续发展是指合理利用和保护资源环境，同时通过体制改革和技术改革，以生产足够的食物与纤维，来满足当代人及后代人对农产品的需求，促进农业和农村的全面发展。农业可持续发展的出发点和落脚点是发展，但发展必须合理利用自然资源，保持生态环境的良好状态，实现发展的可持续性。

作为拥有全球 22% 的人口，但耕地却不到 7% 的中国面临着农业发展的挑战。近年来，在增加粮食产量取得成果的同时，人们也意识到自然资源和环境付出的高昂代价，这对我国农业可持续发展提出了新的挑战。目前，可持续农业发展的概念和原则已被列入并表述在《全国农业可持续发展规划（2015—2030年）》中。我国在目前已被广泛接受的可持续农业发展的基本目标是粮食安全、就业、自然资源保护和环境保护。主要组成部分可以概括为农业生产、农村经济、农业生态系统和农村社会的可持续性。根本任务是可持续利用农业资源、优化农业产业结构、促进农民持续增收、转变农业消费模式。

2.2 农业可持续发展模式

20世纪70年代初，发达国家首先开始对高投入的常规农业进行反思，先后提出了诸如自然农业、有机农业、生态农业等农业发展的模式和途径，试图通过少用或不用石油和化学品，而利用生物之间的生物和能量循环，来获取人们所需要的产品，维护生态系统的良性循环，实现农业资源的持续利用。但这些发展模式又因单纯强调生态因素而忽视了社会因素和经济因素，很难被世界各国特别是发展中国家所接受。为此，谋求人口、资源、环境和经济协调发展的发展模式受到了国际社会的普遍关注。

世界各国因具体国情与发展背景不同，在对可持续农业的认识上及其发展模式选择上存在较大的差异。美国等发达国家因农业现代化快速发展，生产力水平相对较高，农业产品供给充足，居民收入高，消费已向追求生活质量方向转变，未来农业发展更重视食物安全与营养，更多地强调资源环境的保护，是一种农业现代化后的持续发展。对于大多数发展中国家，农业首要的任务是发展，是一种农业现代化进程中以发展生产为主要目标的持续农业，同时也吸取了以往发达国家"石油农业"因追求短期的经济效益而使环境恶化的教训，较为重视农业发展与环境保护的结合。

专栏一：各国可持续农业发展模式

1. 美国"低投入可持续农业模式"

近年来，美国农业倾向于采用低投入可持续发展的模式。尽管美国未曾明确提出循环农业的概念，但循环农业理念却被广泛应用于农业领域。所谓低投入可持续农业，是指通过尽可能减少化肥、农药等外部合成品投入，强调资源的充分利用，并以法规的形式把化肥、农药等施用量控制在安全水平上，并强调维护资源的自然属性。

2. 欧盟的"多功能农业"

农业不仅可以提供健康的、高质量的食物和非食物产品，还在土地利用、城乡计划、就业、活跃农村、保护自然资源和环境、田园景色方面起着重要作用。将农业发展关注的重点更多放在农村发展上，因为农村发展内涵比农业发展更为广泛。

农业突出"三优先"：农业生产及其产品的质量、环境保护及食品安全，并着力提高农业竞争力。农村强调农业形式多样化，增加传统农业色彩，追求保持赏心悦目的农村风光和充满活力的农村社区，保持稳定的农业就业。农业除生产功能外，更加强调农业生态及景观功能。

3. 瑞典"轮作型生态农业模式"

瑞典生态农业的发展水平居世界领先地位。在种植业方面，瑞典提倡只能施用牲畜粪便等天然肥料，不使用化肥、农药和除虫剂。为使土地保持肥力和减少病虫害轮作，特别是种植豆类作物和牧草。在养殖业方面，瑞典提倡让牛、羊、猪、鸡在室外自由活动，使用自己生产的没有使用过化肥和农药的饲料，对于禽畜传染病以预防为主，通常不喂药。

4. 德国"绿色能源农业模式"

早在20世纪90年代，德国科学家发展可从一些农作物中提取矿物能源和化工原料的替代品，以实现农产品的循环再利用，这引起了政府对此类经济作物的高度重视。通过努力，德国科学家对部分作物进行了定向选育，先后从甜菜中获取乙醇、甲烷，从菊芋植物中制取酒精，从羽豆中提取生物碱，从油菜籽中提炼植物柴油代替矿物柴油作为动力燃料。这些能源和原料均是绿色无污染的，符合德国人注重环境保护的理念，从而实现了农业模式的创新。

5. 以色列"无土农业模式"

以色列研究出的精准灌溉技术，不仅破除了水资源对本国农业发展的限制，还为其他国家的农业发展提供了智慧。以色列的土地资源匮乏，发展无土农业也是其农业发展的重要一环。为此，以色列充分利用自己的高科技优势实现循环农业，主要通过以下两种途径：一是采用无土栽培直接向植物提供无机营养液确保作物生长发育所必需的营养；二是采取将太阳能直接转化为热量的栽培方式。

6. 日本"环保型可持续农业模式"

当农业可持续发展浪潮来临之时，日本推出了环保型的农业持续发展模式。该模式要求：一是降低农场生产资料如化肥、机械、农药等的投入来保护环境，防止环境污染，保持和逐步提高土地的肥力；二是以提高效率来保护周边环境；三是对农业资源特别是森林进行经济效益评价和测算，指出森林在防止水土流失和动植物多样性及净化空气等方面的价值，以期保护绿色资源。

2.3 农业可持续发展的趋势

纵观当前国内外可持续农业发展态势，未来我国可持续农业发展模式有以下明显发展趋势：① 规模化趋势。我国农业现代化快速发展，土地流转和适度规模经营发展，农业规模化将进一步发展，可持续农业与现代农业发展方向一致，也将加速发展。② 优质化趋势。这是由可持续农业发展模式的本质决定的，生产过程、生产的产品和产品加工的生态化、绿色化、低碳化都可促进可持续农业的优质化。③ 现代化趋势。可持续农业的现代化趋势是综合的、全方位的，未来农业必然朝向规范化、产业化、集约化和多元化的现代化趋势发展。④ 国际化趋势。当前农业的国际化已愈发深入，可持续农业的国际化是必然趋势。需要广泛吸收发达国家可持续农业发展经验，加强国际合作交流，实现互利共赢。

2.4　生态循环农业发展原则与模式

发展生态循环农业发展是实现农业可持续发展的重要组成部分和有效途径，是汲取农业精华，传承农耕文化的重要措施，也是破解发展难题，加快现代农业建设的重要手段，还是贯彻落实发展新理念，推进生态文明建设的主要抓手。历史上，稻田系统、桑基鱼塘、庭院经济等传统的生态循环模式使得我国"地力常新壮"。近年来，我国不断创新生态循环农业模式，推动了农业可持续发展，保障了农产品的有效供给。

2.4.1　原则

"生态循环农业"是运用可持续发展思想、循环经济理论、生态工程学方法、以节约能源资源、实现环境保护为目的，以生产全程清洁、废弃物资源利用、产品安全供给为方向，以"减量化、再利用、再循环（资源化）"（即 3R 原则）为原则，实现农业经济效益、生态环境效益及社会效益"三赢"的农业发展模式。

随着时间推移，生态循环农业的原则已由最初经典的"3R"原则被不断拓展、升华至"4R"原则、"5R"原则。"4R"原则："适量化、再利用、资源化和可控化"。它以"3R 原则"为基础，增加了以有害生物和污染物为内涵的可控化，并针对中国粮食问题和不同地方农业购买性资源的投入水平差异，将原来的减量化改为适量化。"5R"原则："减量化、再利用、资源化、再思考和再修复"。与"3R"原则相比，"5R"原则新增了"再思考、再修复"两原则。其中，再思考原则在创财富的同时维系生态系统的稳定，加大监督力度和管理水平；再修复原则是指不间断的及时修复遭受人类活动破坏的生态系统，建立生态补偿机制。

2.4.2 发展模式

我国地域广阔，总体上，生态循环农业发展模式可分为以下三个角度：

从管理主体的角度，可分为政府主导型、企业自主型和农户为主型。政府主导型模式需要主要以政府的力量来推动与管理，如部分农业科技园区；企业自主型模式主要是基于相对成熟的市场环境和产业基础，由企业主动出资建设并经营管理的发展模式；农户为主型模式主要是模式尺度较小，一般适合于农田或农户家庭发展，虽然其发展可能受到政府的一定支持或者与企业市场有一定的联系，但是管理主要还是由农户自己执行。

从农业系统内外部的角度，可分为业内循环和业外循环。业内循环主要集中在农业系统内部的物质高效循环利用，包括了种植业、养殖业以及种养"耦合循环"的模式；业外循环主要是农业系统内部的投入、产出以及废弃物不仅在内部消化，还可能与系统外的加工业、服务业"耦合循环"，如种养加循环模式。

从农业系统内部的角度，可分为种植业内循环、养殖业内循环和种养业互循环。种植业内循环模式一般适用于小面积农田，如秸秆还田模式、秸秆堆肥模式、节水农业模式等；养殖业内循环主要发生养殖业内部的废弃物循环利用；种养业互循环实现了种植业与养殖业的物质循环利用，如稻田立体种养模式（稻田养鸭、稻田养鱼）。

新余市农业发展基础条件与产业现状

　　新余市位于江西省中部，北纬 27°33′~28°05′，东经 114°29′~115°24′，东临樟树市、新干县，西接宜春市袁州区，南连吉安市青原区、安福县、峡江县，北毗上高县、高安市。全境东西最长处 101.9 千米，南北最宽处 65 千米，总面积 3 178 平方千米（占全省总面积的 1.9%）。常住人口 116.57 万（2015 年普查数据），城乡人口分别为 79.79 万（占 68.45%）和 36.78 万（占 31.55%）。新余市行政区划见图 3-1。

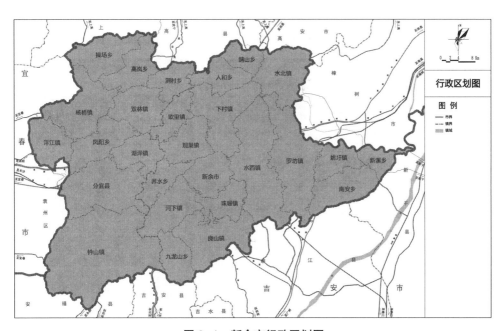

图 3-1　新余市行政区划图

3.1 资源禀赋和环境条件优越

3.1.1 区位优势明显，交通条件便捷

新余地处赣西地理中心位置，是赣、浙、粤、鄂、湘等 5 省交通枢纽，交通区位优势明显。沪昆高铁贯穿新余，新余北站东至南昌 35 分钟车程，西达长沙 1 小时车程。樟吉、沪昆、大广三条高速公路和四条省道在新余境内交汇，对外陆路交通十分便捷。距南昌昌北国际机场两小时车程，距宜春明月山机场仅半小时车程，中远程交通均很方便。

市内有高速公路、省道、县道、乡村硬质化道路构建的完善公路网体系。全市公路总里程 4 346.5 千米，自然村通水泥路率达到 80% 以上，其中：国道里程 108.2 千米，省道里程 232.5 千米，县道里程 544.3 千米，乡道里程 1 381.3 千米，专道里程 22.7 千米，村道里程 2 057.5 千米。

新余市区位分析图见图 3-2。

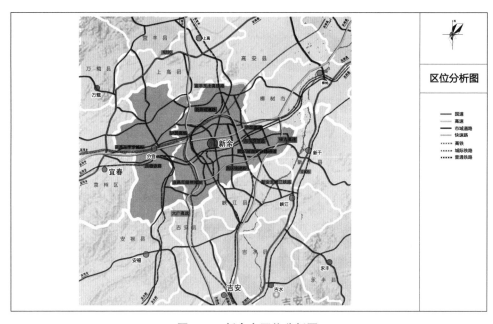

图 3-2 新余市区位分析图

3.1.2 地形地貌多样，土壤类型丰富

新余市地貌基本形态有低山、高丘陵、低丘陵、岗地、阶地、平原 6 种类型，西部以丘陵为主，东部地势较为低平，南北高、中间低，袁河横贯其间，袁河平原东部敞开，起伏不超过 20 米，是由粉砂、粗砂、砾石堆积而成。低山面积 240.2 万亩（1 亩 ≈ 666.67 平方米，1 公顷 =15 亩，全书同）（占地 50.61%），高丘面积 18.6 万亩（占地 3.92%），丘陵与低丘面积 20.0 万亩（占地 4.2%），平原面积 196.8 万亩（占地 41.26%）。

新余市现有耕地面积 124.2 万亩，土地类型多样，可描述为"六山半水二分田，分半道路和庄园"。土壤类型有 7 个土类：水稻土、潮土、红壤、紫色土、石灰土、红色石灰土、山地黄壤，大部分呈酸性和微酸性，pH 值范围在 4.39 至 7.03，平均 5.32。

新余市地形地貌分布图见图 3-3。新余市土地利用总体规划见图 3-4。

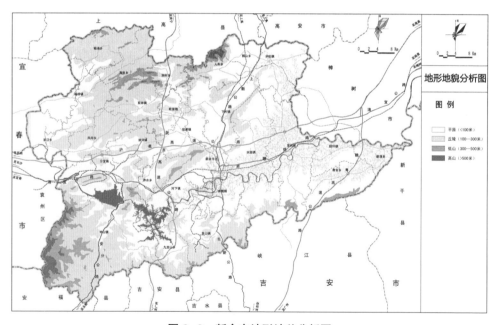

图 3-3 新余市地形地貌分析图

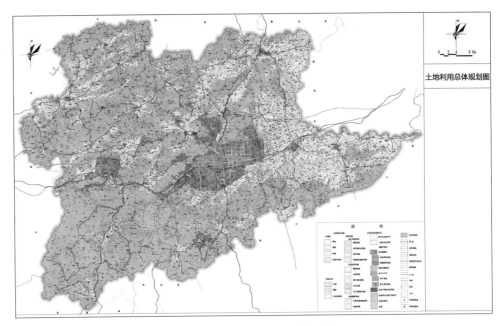

图 3-4　新余市土地利用总体规划图

3.1.3　气候条件优越，水资源丰富

新余市属亚热带湿润性季风气候，具有四季分明、气候温和、日照充足、雨量充沛、无霜期长、严冬较短的特点。年平均气温 17.7℃，年日照时数为 1 598.0 小时，年平均降雨量 1 594.8 毫米，年平均蒸发量 1 497.8 毫米，无霜期为 255~276 天。全年主导风向为东北风，夏季主导风向为南风偏西。

新余市内水网密集，河流纵横交错，水资源丰富。境内主要河流为袁河，是鄱阳湖水系赣江下游的一级支流，大小 25 条河流大都以南北向注入袁河，整个水系呈叶脉状。袁河在新余市境内流域面积 3 061 平方千米，河长 117 千米。在袁河的一级支流上境内较大的河流有杨桥江（流域面积 553 平方千米）、孔目江（流域面积 597 平方千米），它们分别也是分宜县和新余市区的主要河流。新余全市共有水库 321 座，水库总库容 11.69 亿立方米，有效库容为 4.018 亿立方米。新余市多年平均地表水径流量 29.24 亿立方米，多年平均地下水资源量 7.31 亿立方米。

新余市水系分布图见图 3-5。

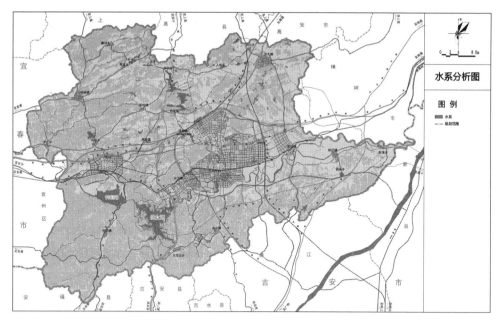

图 3-5　新余市水系分布图

3.1.4　生物资源丰富，特色农产品众多

复杂独特的地形地貌类型，衍生出丰富的生物品种，植物资源种类有 254 科、841 属、2 000 余种，木、竹、果、药、菌等 2 000 余个品种，兽类现有豹、狼、虎、豺、等 37 种，禽类有布谷、鹰、燕、雀、等 39 余种，甲鳞类常见的有鳖、蚌、螺、虾，常见蛇类有 10 余种。主要农作物品种包括水稻、油菜、花生、棉花等；畜牧业以养殖猪、牛、羊、家禽为主；水产以"会仙"牌鳙鱼、鳜鱼、小龙虾等三大产业为重点；特色林果产品众多，以蜜桔、早熟梨、麒麟西瓜等闻名于外。新余素有"夏布之乡"之称，苎麻是新余另外一大特色产品。此外，中草药种植规模较大，种植有：何首乌、白花蛇舌草、乌药、钩藤、木槿花、大青叶、金银花、紫云英等几十种中草药，仙女湖区东坑林场峡沙分场九龙山生产的甜茶也具有较高的稀缺性。

3.1.5　自然与人文景观资源独特，休闲农业潜力大

新余市历史悠久，文化底蕴浓郁，拥有丰富的自然景观与人文资源。全市共有森林公园 4 个、风景名胜区 1 个、湿地公园 1 个、生态保护区 1 个，各类保

护区面积达到 66.3 万亩，占到区域总面积的 13.86%。自然景观包括仙女湖、蒙山、孔目江湿地公园和仰天岗森林公园等，特别是以《搜神记》"仙女下凡"的美丽传说而得名的仙女湖，在全国独具神韵；被誉为"江西半坡"的拾年山遗址，展示了 6 000 多年原始农业文化。丰富的旅游资源对快速发展的休闲农业起到了重要的支撑作用，同时也给生态环境保护提出了更高的要求。

新余市生态保护红线规划构成图见图 3-6。

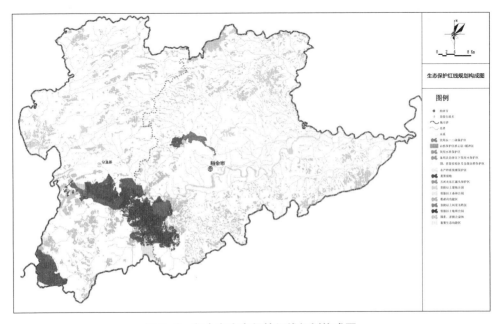

图 3-6　新余市生态保护红线规划构成图

3.2　社会经济平稳发展

3.2.1　区域经济快速增长，人均产值全省领先

2015 年全年新余市地区生产总值 946.80 亿元，比上年增长 8.5%。人均地区生产总值 81 354 元，位居全省第一，是全省人均生产总值（36 724 元）的 2.22 倍，比省会南昌市（75 879 元）高 7.2%。全年财政总收入 132.86 亿元，比上年增长 5.1%。全市城镇居民人均可支配收入 29 836 元（仅次于南昌，居全省第二），是全省平均值的 1.13 倍；农村居民人均可支配收入 13 986 元（全省第二），为全省平均值的 1.26 倍，且增长率（9.0%）明显高于城镇居民（8.0%）。

　　新余市生产总值与财政收入年际比较图（2011—2015）见图3-7。2015年江西省各地级市主要社会经济指标表见表3-1。

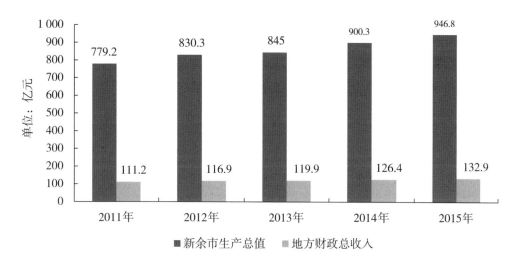

图3-7　新余市生产总值与财政收入年际比较图（2011—2015）

表3-1　2015年江西省各地级市主要社会经济指标表

行政区域	城镇人口比重（%）	城镇居民人均可支配收入（元）	农村居民人均可支配收入（元）	人均GDP（元）
全省平均	51.62	26 500	11 139	36 724
新余市	68.45（2）	29 836（2）	13 986（2）	81 354（1）
南昌市	71.56	31 942	13 693	75 879
景德镇市	63.53	29 101	12 736	47 216
萍乡市	65.88	28 335	14 046	48 133
九江市	50.56	27 635	11 143	39 505
鹰潭市	55.78	26 952	12 383	55 568
赣州市	45.51	25 001	7 786	23 148
吉安市	46.17	27 078	10 355	27 168
宜春市	44.82	25 381	11 621	29 457
抚州市	44.97	25 065	11 441	27 735
上饶市	47.34	26 924	10 112	24 633

备注：括号内为新余排序。

3.2.2 产业结构不断优化，新型工业迅速发展

新余市经济特色明显。2015年，全市三产比重为5.9∶55.8∶38.3，分别为全省平均值的0.53、1.12和0.98，农业所占比重较低，工业和三产占绝对比重，为"三产"融合发展建立奠定了良好的基础。2015年新余市全部工业增加值460.13亿元，比上年增长8.2%。规模以上工业增加值319.97亿元，其中，轻工业增加值49.52亿元，重工业增加值270.45亿元，重工业比重偏大（84.52%），超出全省平均值（62.425%）的1/3以上。光电信息、装备制造、苎麻纺织三大新兴产业工业增加值分别增长51.4%、31.6%和18.5%，合计占全市规模工业总增加值的13.4%，较上年提高5.5个百分点，呈现出较好的发展势头。

2015年新余市（a）和江西省（b）产业结构见图3-8。

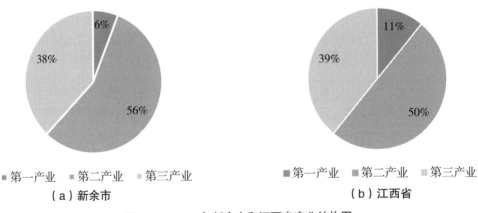

图 3-8　2015 年新余市和江西省产业结构图

3.2.3 城乡发展统筹兼顾，居民生活不断改善

新余市五年来全面启动主城区控规修编，完成了高新区、高铁新区、袁河生态新城等21个控规编制；编制城市综合交通、城乡电网等专项规划10个，实现了片区详规和专项规划基本覆盖。全面完成24个乡镇总规修编、11个中心镇控规编制，村庄规划编制率达81.5%。城镇化率达68.5%，列全省第二，提高6.9个百分点。

2015年，新余城镇居民人均可支配收入和农村居民人均可支配收入分别达到了29 836元和13 986元，比上年分别增加了2 211元和1 155元，增长8.0%

和 9.0%（图 3-9）。数字化城管系统建成，城市智慧化精细化管理水平显著提高，综合考评连续五年位居全省第一。全市 1 202 个新农村建设点累计投资 12.3 亿元，欧里昌坊村、良山下保村、分宜介桥村等 19 个中心村成为全省新农村发展升级新样板。

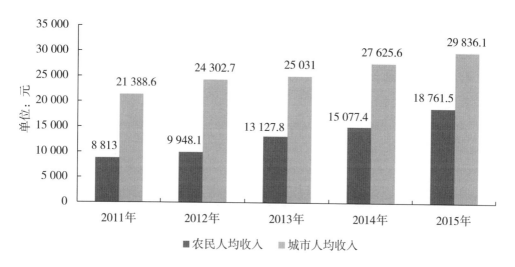

图 3-9　新余市人均收入年际比较图（2011—2015）

3.3　农业可持续发展优势明显

新余市农业产业与农业园区分布现状见图 3-10。

3.3.1　人均农产品产量全省领先

3.3.1.1　粮食生产稳定发展

新余是国家商品粮重要产地。2005—2015 年，新余市粮食作物产量有小幅度波动，但总体呈上升趋势。2015 年全市粮食总产量 60.71 万吨，比上年增长 0.71%。2005—2015 新余市与全省人均粮食作物产量比较见表 3-2。

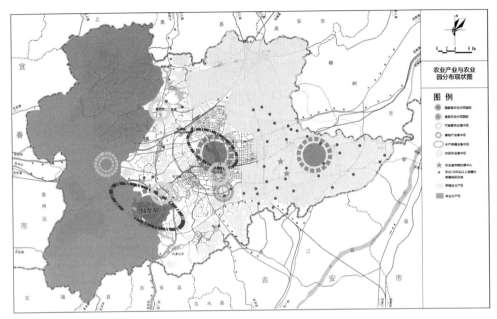

图 3-10　新余市农业产业与农业园区分布现状图

表 3-2　2005—2015 新余市与全省人均粮食作物产量比较

（单位：千克／人）

人均	2005 年	2006 年	2007 年	2008 年	2009 年	2010 年	2011 年	2012 年	2013 年	2014 年	2015 年
新余市	462.6	463.6	481.5	506.5	528.5	517.1	528.9	506.7	518.6	520.5	521.7
江西省	431.4	438.5	437.4	445.0	453.5	439.5	458.7	458.70	468.9	473.0	471.8
新余／全省	1.072	1.057	1.101	1.138	1.165	1.177	1.153	1.105	1.106	1.100	1.106

3.3.1.2　畜牧业生产健康发展

2015 年，全市全年肉类总产量 9.06 万吨，生猪出栏 90.5 万头，同比减少 2.6%，存栏 48.2 万头，同比减少 3.8%；牛出栏 5.6 万头，同比减少 1.8%，存栏 8.9 万头，同比增加 4.7%；家禽出笼 537 万羽、存笼 341 万羽，同比分别增长 13.5%、5.8%；肉类总产 9.1 万吨、禽蛋产量 1.2 万吨，同比增长幅度较小（图 3-11）。

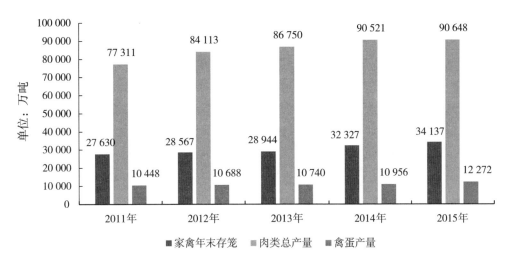

图 3-11 新余市畜牧业产量图（2011—2015）

3.3.1.3 水果蔬菜生产快速发展

新余市 2015 蔬菜种植面积 29 万亩，增长 5.6%；蔬菜产量 48 万吨，增长 4%。瓜果种植面积 5 万亩，下降 2.7%。2011—2015 年，新余市水果生产发展势头较猛，产量呈稳定上升，2015 年全市水果产量比 2010 年增长了 150% 以上，人均水果生产量从 2005 年的 20.61 千克（不足全省平均水平的 1/3），提高到 2015 年的 89.68 千克基本达到全省平均水平（表 3-3）。

表 3-3 2005—2015 年新余市人均水果产量动态 （单位：千克）

年份	2005 年	2006 年	2007 年	2008 年	2009 年	2010 年	2011 年	2012 年	2013 年	2014 年	2015 年
新余市	20.61	21.22	24.52	36.32	35.24	34.61	36.41	59.09	62.37	96.46	89.90
江西省	30.32	37.20	50.11	62.58	74.06	66.81	86.62	82.21	97.82	91.29	98.89
新余/全省	0.680	0.570	0.490	0.580	0.476	0.518	0.420	0.719	0.638	1.057	0.909

3.3.1.4 休闲农业集群发展

新余市渝水区成为全国 32 个休闲农业与乡村旅游示范县之一。以昌坊、仙女湖、百丈峰等为代表的生态旅游度假区集农业观光、生态休闲、旅游度假为一体，产品起点高，投资大，规模大，品牌化，目标定位主要针对会议、商务及度假客源。2015 年年底，全市共有休闲旅游农业园区及企业 286 家（1 000 万元以上投资规模的有 19 家，年营业收入 500 万元以上的 8 家），年接待游客 120 多万人次，全市休闲旅游农业年营业总收入 5.1 亿多元，带动了 16 000 多名农村富余劳动力的就业，带动农产品销售 10 亿元以上，农民人均增收 500 余元。

3.3.1.5　标准化与品牌化加速发展

新余市大部分企业和生产基地已经能做到产前、产中和产后的标准化生产和管理，基本实现了良种、生产标准、包装、品牌、技术指导的"五统一"。新余市品牌战略已取得显著成效，恩达家纺品牌获得中国驰名商标，另有江西著名商标 35 件、市知名商标 29 件，地理标志认证一家（新余蜜桔），有机食品 2 家，获得认证的有机农产品有 17 个、绿色食品 21 个。

3.3.2　农业基础设施建设日益完善

3.3.2.1　农业基础设施完善

通过实施标准农田保护和质量提升工程，加大中低产田改造、土壤改良、地力培肥力度，优化用养制度，着力提高耕地质量，完善耕地保护机制体制，切实保护好 104 万亩基本农田。继续实施"三老"改造建设工程，政策加大了扶持力度，标准鱼塘、规模蚕桑小区和现代茶园加快建设，提高特色产业的生产水平。

3.3.2.2　农业装备水平提高

综合应用工程装备技术和标准化生产技术，大力发展了设施农业，扩大了蔬菜标准化大棚生产和生态渔业面积，提高了畜禽养殖设施建设标准，提升了农业主导产业生产、加工、储运过程中的现代装备水平。加强高效生态农业示范园区和国际先进农业技术实验园建设，提高了农业综合生产能力。加快建设的现代化规模养殖示范场和畜牧生态养殖示范小区，实施集中连片温室龟鳖养殖小区污水处理循环使用设施建设；开启病死畜禽收集和无害化处理中心建设，按照政府主导、市场运作原则，建立病死畜禽收集网络，对病死畜禽实行统一收集、集中处理，切实保护周边环境。2015 年耕地有效灌溉面积 82.3 万亩，实际耕地灌溉面积 71.6 万亩。年末农业机械总动力 63.973 万千瓦，联合收获机 1 765 台。

3.3.2.3　农业信息化水平明显增高

目前，新余市建立了新余农经网、新余农业信息网、新余水利、中小型企业网等面向"三农"服务的网站，全市 30 余个乡镇建立了信息服务点；电视台定期播放农业农村部门收集分析的农业信息制成的电视片；热线电话建立农业信息库，利用语音转化功能自动回复农民的问题。以此形成电脑、电视、电话"三电合一"的方式为农民提供信息服务，满足农民需求。

3.3.3　农业经营主体培育力度加强

3.3.3.1　支持农业龙头企业

新余市全面落实扶持循环农业龙头企业的政策，加强对现有农业龙头企业的指导和服务，为农业龙头企业发展生态循环农业提供技术指导，着力帮助农业龙头企业化解资金、人才两缺难题。到2015年年底，全市农业产业化经营组织总数为1 286个，其中龙头企业带动型产业化组织298个，销售收入过亿元的龙头企业15个，销售收入超500万元的龙头企业166个。目前全市有国家级龙头企业2家，省级以上龙头企业49家，市级龙头企业134家。2015年，全市49家省级以上龙头企业固定资产总值32.67亿元，同比新增3.8亿元，实现销售收入117.8亿元，同比增长9.5%，实现利润7.5亿元，同比增长3.1%，出口创汇7 313万美元，同比增长23.1%。

3.3.3.2　培育农民专业合作组织

新余市积极引导农业企业、农村能人和各类经济组织发挥各自优势，按照服务农民、进退自由、权利平等、管理民主的要求，引导农民专业合作社与农民建立紧密型的利益联结机制，积极探索农民专业合作社开展信用合作，不断提高农业生产和农民组织化程度。到2015年，全市创建省级示范性合作社42家，市级示范性合作社101家。

3.3.3.3　培育家庭农场

通过加强对家庭农场主教育培训，提升现有农场主科技文化素质和经营管理水平。积极推进农业职业教育，加快储备后备新型职业农民。选择一批有志于农业的知识型青年农民，通过技能培训培养成为循环农业种养与服务的家庭农场主。通过提升传统农民、转化返乡农民、引入新型农场主，加快培育一批有文化、善经营、会管理的职业农民。在政府引导、金融扶持等多方支持下，到2015年年底全市已建立家庭农场790家，扶持各类种养专业大户5千户。

3.3.3.4　支持农村金融体系

近年来，新余市各大银行加大了对农业产业化的金融支持，市人民银行明确要求加大对"三农"尤其是"公司＋农户"的农业产业化龙头企业的信贷支持力度，并通过举办银企签约会等渠道，向全市金融机构推荐优质农业产业化项目，鼓励金融机构加大支持农业产业化力度，对科技农业、订单农业、"名、优、特"农业贷款给予保障。江西农业银行系统积极开展金融扶持现代农业工作，针对现代农业建设的金融需求特点，充分发挥自身优势，加大对新余市的信贷支持力度。截至2014年，支持现代农业贷款余额达10.2亿元，支持家庭农场和种养大户584户。通过绘制县域金融生态图谱，建立农村客户名录库，创建风险担保加农户贷款模式等手段，发放扶持贷款，推进种养专业大户、家庭农场等现代农业和规模农业经营发展。针对现代农业建设的金融需求特点，农业银行不断推进产品创新，研发了一系列现代农业特色金融产品，确保服务的灵活性、针对性与适应性，极大增强了农业银行在现代农业金融领域的服务能力。

3.3.4 农机机械化水平全省靠前

新余市是江西省的农机大市，规模较大，销量较好。全市有省级农专业合作社的1家，农机生产企业13家（其中：规模以上企业6家，亿元以上的企业有2家），从业人员2 300余人，农机化经营生产总值近5亿元，省级补贴目录产品有10大类，25小类，46个品目，总销售收入位居全省第二名。2012年，新增农机总动力4.5万千瓦，达到126.51万千瓦，增长3.72%。农机化经营总收入达44 260万元，比上年增加1 701.87万元，增长4%，其中田间作业服务收入14 840万元、农机运输收入18 230万元。水稻耕、种、收综合机械化水平达55.57%，其中，水稻机耕作业面积114.84万亩，机耕作业水平达84%，比上年提高2.8个百分点；水稻机插作业面积26.28万亩，机插水平达17.25%，比上年提高5.3个百分点；水稻机收作业面积116.1万亩，机收水平达85%，比上年提高3个百分点。

3.3.5 农业科技不断创新

3.3.5.1 农业科技创新平台加速建设

新余市围绕特色主导产业，重点在生物技术、良种培育、高效栽培模式、节本降耗技术、生态养殖、清洁能源利用、疫病防控、农业面源污染治理等方面实现创新和突破。鼓励有基础、有实力的循环农业龙头企业建立研发中心，加强农产品精深加工、储藏、保鲜等技术的研发，不断提高循环农业模式创新能力，增强农业发展后劲。

3.3.5.2 农业技术推广体系加速建设

新余市建立健全的农业科技人才培训机制和经费保障机制，稳定的农技推广队伍，为推进循环农业科技进步提供人才保障。广泛吸引农业院校毕业生参与循环农业农技推广事业，大力培养各类农民专家及农村乡土人才。围绕特色主导产业的发展，依托首席专家，组建若干个特色产业专家服务团队，提高特色产业的科技竞争力。建立农民专家津贴制度，充分发挥农民专家在科技示范、推广服务方面的特殊作用。深入实施"科技入户工程"，广泛开展农技人员联基地联大户活动，加快先进技术转化应用。积极实施"百万农村中专生计划"和新型农民科技培训工程，不断提高农民应用循环农业科技的能力和水平。

3.3.5.3 农业新技术加快推广应用

新余市大力推进农作制度创新，加快推广粮经轮作、种养结合、立体混养、复合配套等种养新模式。深入实施种子种苗工程，加强良种育繁体系建设，提高良种覆盖率。重点推广农作物和畜禽良种、优质高产栽培及养殖、农业节本增效控害、动植物重大疫病综合防控、农产品质量安全和标准化、新型农业机械、农产品贮运保鲜和精深加工、农业节能减排、农业信息化、农业抗灾减灾等十项技术，进一步提高农业科技应用率。

3.3.6 农业循环经济快速发展

新余市积极实施养殖业污染治理和农业资源节能减排和循环利用，加强农业面源污染治理，按照资源化、无害化、减量化要求，制订规模畜禽养殖场和水产温室养殖场治理计划。截至目前，新余市渝水区组织开展的养殖标准化示范创建活动已开展标准化示范场 3 家、猪场节能减排 6 家、标准化改造 12 家，全区已有 8 家养殖场分别达到部（省、市）级示范场标准。推广雨污分流、干湿分离、生物净化和循环利用等多种治污形式，落实治理措施，分期分批推进环境治理。以种植水生生物和净化循环利用，开展设施渔业养殖废水治理。有序实施养殖准入制度和排污许可证制度，推行标准化养殖，大力发展农牧结合、种养结合的生态畜牧业和健康水产养殖业。全面推广化肥农药减量增效技术和农作物测土配方施肥技术。深入实施农业废弃物资源利用化利用工程和农村可再生能源开发利用工程，推广应用沼气、太阳能等清洁能源，改善农村农业生态环境。同时加强循环农业产品品牌建设和市场营销力度。鼓励引导经营主体开展育品牌、创品牌工作，通过政府扶持引导，加快建立国内知名品牌、省内区域性品牌和市内特色品牌相结合的分层培育创牌梯队。以农产品展示展销等农业重大活动为平台，主动接轨上海，积极开拓国际、国内市场，确保农产品出口和供沪农产品持续增长。积极培育农产品物流企业、农民运输专业合作社、购销大户和农村经纪人等各类市场主体参与农产品流通，逐步形成多层次的农产品营销网络，不断提高新余生态循环农业农产品的市场占有率和竞争力。

3.4　面临的问题和挑战

"十三五"期间，伴随着我国经济进入新常态、改革进入深水区、经济社会发展进入新阶段，新余市面临着农业综合效益不高、产业竞争力不强、农村劳动力结构性失衡、生态环境约束趋紧、农民增收渠道变窄等严峻挑战，全面建成现代农业强市、促进农业可持续健康发展、全面建成小康社会的任务依然艰巨。具体问题主要表现如下。

3.4.1　科技创新与推广有待提高

新余市整体农村科技创新能力较弱，科技推广服务体系尚不健全。据 2008 年调查显示，新余市每个乡镇仅有两至三名专业技术人员，只有 11.5% 的乡镇设有技术职业学院，12.6% 的乡镇有图书室、文化室，10.8% 的村有农民业余文化组织。由于中介组织、农村市场体系和物流产业发育的不够健全，发展连锁经营、电子商务等现代农业物流产业的手段和设备落后，导致大宗农产品流通渠道不畅。

3.4.2　资源环境约束日益凸现

新余市"因钢设市"，是国家认定的第三批资源枯竭城市之一，环境资源对新余农业可持续发展的约束不可忽视。人地矛盾突出，土地后备资源不足，耕地后备资源有限，后备土地资源中部分为地貌、土质、石砾含量及地质构造等自然因素的影响，开发利用难度大，易引发水土流失。新余市地处南方红壤丘陵区，根据 2000 年江西省第三次土壤侵蚀遥感调查结果，新余市水土流失总面积 309.29 平方千米，占国土面积 9.745%。直至 2011 年年底，新余人均水资源量 2 200 立方米，只占全省人均值的 60% 左右，成为全国缺水型城市之一。

3.4.3 农业基础设施发展水平不高

新余市有相当一部分农村生产性基础设施普遍存在设施老化，新建和更新改造投资严重不足的情况。农村基础设施普遍存在低档和硬件设施供给多、高档和软件设施供给少的问题。农业生产性基础设施普遍存在着年久失修、功能老化、更新改造缓慢等问题，并且由于农村基层组织的管理功能普遍薄弱，使得部分农村小型基础设施处于无人管理的状态，导致了部分设施损坏。农村基础设施专项维护资金管理缺乏科学管理制度体系，部分地区管理需要优化。

3.4.4 循环体系有待进一步优化

新余市发展循环农业发展亮点不断涌现，以沼气为纽带把种植业和畜牧业链接起来的亮点突出，生态循环农业发展水平明显提高，农旅结合的生态休闲模式处于起步上升阶段，发展势头良好。受经济发展水平、传统农业文化等影响，各村镇循环农业发展具有一定差异，规模化生产具有一定困难。发展模式有待进一步优化，多种发展经营模式及区域循环体系的建立需要进一步完善。

3.4.5 可持续农业制度建设有待强化

新余市的农业可持续发展体制机制尚不健全。缺乏对全市农业可持续发展的统筹规划和统一管理，水资源、土地资源等资源缺乏整合调控利用和监管机制，山水林田湖等缺乏统一保护和修复；农业可持续发展缺乏资金奖励、税收优惠等扶持政策和激励机制，造成了资源的浪费，利用效率低，制约了农业资源合理利用和生态环境保护。

3.4.6 产业结构有待优化、产业融合有待加强

新余市基本形成粮食、生猪、渔业、蔬菜等农业主导产业，水稻、蜜橘、水产等特色优势产业不断发展，形成区域竞争力，种植业与谷物加工融合发展趋势明显，但增加值率低，畜牧产品转化率低，生物有机肥产量低，对畜禽粪

便的利用率低。农产品精深加工程度低，产品附加值不高。目前新余获得江西省著名商标 35 件、省名牌产品 12 个、绿色食品认证 21 个、有机食品认证 2 家，但这些品牌知名度还是不够，不足以与那些国际、国内大品牌竞争。新余著名有机鱼需进一步扩大知名度，与当地及外地餐饮巨头对接合作，带动渔业发展。与国外相比，新余的休闲农业还没有挖掘和使用品牌效应，有影响力的休闲主体还不多。

4

发展思路和目标任务

4.1 指导思想

遵循"创新、协调、绿色、开放、共享"的发展理念，按照党中央、国务院各项决策部署，按照国家可持续发展试验示范区的基本要求，以农业生产可持续、生态环境可持续、社会发展可持续为目标，把握江西国家生态文明示范区建设的契机，以可持续循环农业发展模式为理念，切实转变农业发展方式，整合新余土地空间与自然资源，深入挖掘赣西农耕文化底蕴，以农业农村环境综合治理为重点，以"种养结合、生态循环"为产业特点，建立农业绿色发展为导向的体制机制，努力探索可以向全国推广的、可复制的农业可持续发展的创新型"新余模式"，引领赣鄱区域乃至全国农业可持续发展。

4.2 发展原则

4.2.1 协调性原则

重视保护和合理开发利用农业赖以发展的自然资源，如土地资源、水资源、森林资源、物种资源等。努力使农业资源尤其是不可再生的耕地、水资源总量保持在一个相对稳定水平，并不断提高质量，提高利用率。重视并有效控制农业环境污染、水土流失、土壤沙化等环境恶化问题，重新建立农业绿色保障体系，改善农业大气环境、水环境、土壤环境、生物环境，促进农业生态平衡，不断提高环境质量。

4.2.2　特色化原则

围绕优势产业，针对突出问题，依托龙头企业，发挥起跑优势，做优循环文章。因地制宜，围绕新余市城市化水平高、城市总体规模小、养殖业密度大、中小型实体多、资源环境地域差异典型、粮果畜禽分布集中、现代生态循环农业关键产业起步早、水平高等特点优势，突出重点，打造亮点，突破节点，采取差别化扶持政策，集中力量，率先支持一批示范园区、示范基地、示范企业、示范合作社、示范家庭农场、示范项目的建设，发挥示范、引领和带动作用，以全面提高新余农业现代化水平和可持续发展能力。

4.2.3　多元性原则

不仅注意提高农业产出率和产品质量、经济效益，而且要把促进社会进步、保护资源和环境放在重要位置，追求经济、生态和社会效益的统一。紧扣新余市现代农业发展的核心要义，强调多元化农业生产，粮油林果蔬加工休闲农业统筹发展，携手前进。坚守生态环保底线，耕地数量和质量底线，坚定生产效率导向、经济效益导向。坚持理念上生态优先、技术上环保优先、结构上循环优先原则，根据当地资源禀赋、环境容量、农民需求，规划市域农业产业结构与布局，围绕高效、低碳、减排要求，构建生态循环型产业体系、环境友好型技术体系，节约资源节省投入、提高资源利用效率、确保产品和环境安全、提升景观档次功能，突出农业综合效益，促进"三生融合"、"城乡融合"、"三产融合"，实现农业可持续发展。

4.2.4　创新性原则

农业的发展动力要由依靠资源要素投入向创新驱动转变。充分发挥重视科技的先导作用、支撑作用，既注重自然科技创新引进集成和试验示范，也注重社会经济管理科学的模式制度创新引进综合和应用总结。在加强现代农业企业资源和循环农业生产管理运营模式的基础上，突出生产过程的生态化、产业组织的链条化、企业运作的市场化建设，充分发挥生态循环农业体系和模式两大创新驱动力。以注重经营组织、产业链、产业联盟发展和循环经济技术发展的新型农业模式为农业主导推动发展力量，从根本上转变发展方式，提升农业产业和产品的市场竞争力，引领助力江西省现代农业整体跨越式发展。

4.2.5　全面统筹原则

全面统筹、分清主次、突破重点、有序推进，以资源环境保护、生态循环发展为前提，以农业增效、农民增收为中心，统筹城乡协调、实现农业可持续发展为宗旨，优化全市农业产业结构和布局，提升农业技术体系、经营模式体系和管理制度体系，构建全市现代、生态、高效、循环农业体系。在规划期内，重点突出体现新余农业优势的特色、主导产业可持续发展基地群的建设，带动全市现代农业整体性可持续发展的优势产业链（集群）的建设，以及引领全市现代农业整体发展方向的大规模、高标准、循环型、综合性现代农业可持续发展先行示范区的建设，基本搭建起全市现代化可持续农业的整体框架体系和核心基础要件，为保障全市农业走向更高发展水平奠定坚实的基础。

4.3　发展定位

4.3.1　总体定位

4.3.1.1　"三产"融合型国家农业可持续发展综合示范区

按照国家农业可持续发展综合示范区的总体要求，全面贯彻"创新、协调、绿色、开放、共享"发展新理念，加快农业科技进步、管理模式进步、机制体制进步，通过产业链延伸、产业功能拓展和要素集聚、技术渗透及组织制度创新，促进农业生产、农产品加工流通、农资生产销售和休闲旅游等服务业有机整合，把新余建设成全国一流的国家级农业可持续发展综合试验区。

4.3.1.2　江西省全市域绿色农业示范区

大力发展绿色有机种植业、畜禽水产养殖业生产，推动农产品绿色加工业发展，全面推动全市域范围农业发展方式的转型升级，在江西省先行建设现代化绿色农业示范区。

4.3.1.3　江西省统筹城乡发展先行示范区

结合新余城市化水平高、人均经济实力强、市域规模小等特点和优势，加快城乡统筹、三产统筹、"三生"（生产、生活、生态）统筹发展步伐，把新余市建成富有特色的全省城乡统筹发展的先行区。

4.3.2 功能定位

4.3.2.1 食品安全保障"稳定器"

包括数量安全和质量安全两个方面。一方面，加大高标准农田建设，利用新品种、新技术和良好的农业生产资源优势，确保粮食稳产增收。另一方面，推行全程标准化生产的绿色食品、有机农产品认证和农产品地理标志，满足城乡居民对安全优质农产品需求。

4.3.2.2 现代科技成果"辐射源"

与科研院所、高等院校对接，支持企业建立科技创新平台，研发、引进、消化、吸收现代农业新技术、先进设施和科学管理模式，逐步形成新产品、新技术的展示窗口。同时，广泛开展技术指导、技术示范、技术推广、人才培养、技术咨询等，推动现代农业技术向周边区域及赣鄱流域示范推广。

4.3.2.3 产业融合发展"试验场"

通过产业联动、产业集聚、技术渗透、体制机制创新等方式，将资本、技术以及资源要素进行跨界集约化配置，使农业生产、农产品加工和休闲等其他服务业有机整合在一起，建立一二三产业利益联结机制，促进农村一二三产业之间紧密相连、协同发展。

4.3.2.4 体制机制创新"汇集池"

积极推动农业综合改革，不断完善农业经营组织新机制，发展多种形式的适度规模经营，深入探索农业金融、资金整合、政策性保险等农业投融资新机制，努力构建多主体参与的社会化服务体制机制，激发新余市现代农业发展的动力和活力。

4.4 建设目标

4.4.1 近期目标（2020 年）

基本实现农业生态功能明显改善、产业结构显著优化、乡村环境更加宜居，将新余市建设成为"三产"融合型国家农业可持续发展综合示范区、江西省全市域绿色农业示范区、江西省统筹城乡发展先行示范区。

4.4.2　中期目标（2025 年）

可持续农业示范区建设处于巩固提高阶段，农业现代化建设取得明显进展，发展水平进一步增强，转变农业发展方式取得明显成效，农业质量和效益明显提升，竞争力显著增强，建成"产品优质安全、农业资源利用高效、产地环境良好、产业发展有机融合、运行机制管理制度完善"的现代农业可持续发展体系。

新余市农业可持续发展综合示范区规划指标体系如下（表 4-1）。

表 4-1　新余市农业可持续发展综合示范区规划指标体系

指标类别	序号	指标名称	单位	指标值		
				现状值（2015 年）	2020 年（约束性）	2025 年（引导性）
社会经济综合	1	城乡居民可支配收入比例	–	2.1	2.0	1.9
	2	农民人均可支配收入	元	13 986	20 000	26 000
	3	土地流转率	%	38.2	50.0	65.0
	4	农业增加值	亿元	4.6	5.8	7.0
物质装备水平	5	农业综合机械化率	%	73.1	80.0	85.0
	6	高标准农田面积比重	%	41.7	60.0	75.0
	7	农业标准化生产普及率	%	35.0	40.7	48.0
	8	职业农民比重	%	8	15	30
	9	农业科技贡献率	%	56	60	63
综合产出水平	10	粮食总产量	万吨	60.4	62.0	63.0
	11	肉（蛋奶）总产量	万吨	10.3	11.5	13.0
	12	休闲农业占总农业比例	%	5.4	10.0	18.0
	13	农产品加工业产值与农业总产值比值	–	2.2:1	2.5:1	3.0:1
经营与支持水平	14	农户参加农民合作社比重	%	36.4	60.0	85.0
	15	适度规模经营比重	%	39	45	55

（续表）

指标类别	序号	指标名称	单位	指标值		
				现状值（2015年）	2020年（约束性）	2025年（引导性）
资源保护利用	16	农产品中绿色、有机产品比重	%	–	15	30
	17	高效农业参保覆盖率	%	–	30%	50%
	18	农作物秸秆综合利用率	%	79	90	98
	19	农业灌溉水有效利用系数	–	0.45	0.55	0.60
	20	规模化养殖畜禽粪污资源化利用率	%	70	95	100
	21	农膜与农业投入品包装物回收率	%	66	85	95
	22	化肥、化学农药使用量增长率	%	0.26	0	0
	23	森林覆盖率	%	56.5	56.5	57.5
	24	农村生活污水集中处理行政村覆盖率	%	60	100	100
	25	农村生活垃圾无害化处理率	%	100	100	100

4.5　六大重点任务

4.5.1　加快农业基础设施建设，促进农业综合生产能力提高

　　加大农业基础建设投资力度，依靠加强农业基础设施建设，提高农业综合生产能力。把加强农业基础设施建设摆上更加突出位置，坚持外延拓展与内涵挖潜并举，加大中低产田改造、土地整理等基础建设力度，注重利用现代工程技术、生物技术、信息技术、环境技术装备和改造农业，提升农业设施化、机械化、信息化水平，建立健全农业抗灾减灾体系，提高农业综合生产能力。坚持以发展工业的理念发展农业，加快建设蜜桔、优质苎麻、优质水稻、高产油茶产业种植基地、标准化养猪场、培训和转移农民。围绕龙头企业带动，优化养殖产业布局，

加强标准化畜禽养殖，水产健康养殖等创建活动，提高农业产业规模化水平。

4.5.2 加快农业产业融合深度，推进三产融合发展

围绕建设全国可持续农业发展示范区，重点构建生态种养加工型、生态休闲体验型、可持续农业创新创业示范型三类农业示范园，作为生态农业项目投资的载体、生态农业产业转型升级的载体、农业科技创新和转化的载体、人才集聚和创业创新的载体，在全市范围内推进集群式发展策略，加大投入力度，强化科技支撑，促进一二三产业融合发展，完善产业组织经营体系，确保示范园的示范带动作用，支撑新余市可持续农业发展。

通过示范园建设，大力发展新余市优势畜牧业、果蔬业、特色农产品，不断加强科学研究和技术推广应用，突出农业可持续发展优势；逐渐完善农业基础设施建设，提高农业装备水平、机械化程度、农业信息水平，不断加强科技创新，与国际接轨，提高生产效率；积极扶持和培育循环农业龙头企业，加强对现有农业龙头企业的指导和服务，为农业龙头企业发展生态循环农业提供技术指导，着力帮助农业龙头企业化解资金、人才两缺难题，建立激励机制，激励有基础、有实力的循环农业龙头企业建立研发中心，加强农产品精深加工、储藏、保鲜等技术的研发，不断提高循环农业模式创新能力；给予农业发展政策倾斜和优惠，建立农业企业集群发展平台，鼓励企业间合作交流；建立废弃物循环利用的农业生态产业平台，以及包括林业、渔业、农副产品加工、销售和运输集中发展的集群产业。

凭借新余市具有得天独厚的地理位置和丰富的自然资源，发展休闲养生、观光旅游等服务业，融合一二产业，具有良好的前景和发展潜力。重点开发生态观光型、参与体验型、休闲度假型、科普教育型等现代农业休闲模式与农业旅游重点景区（点），逐步形成近郊农家乐体验游、远郊乡村特色游、农业科普教育游、山区森林观光游等现代休闲农业格局。

4.5.3 加快农业经营主体培育，创新农业组织模式

依靠政府引导、农民主体、社会支持推进机制，凝聚各方力量和智慧，培育农业经营主体，增强现代农业发展合力。继续强化政府支持、保护和服务，加大支农惠农力度。充分调动农民的积极性和创造性，切实发挥主体作用。积极鼓励

工商企业和社会资本参与现代农业建设，集聚更多要素投入农业，形成合力推进现代农业发展的新局面。

鼓励和支持机制好、竞争力强的循环农业龙头企业，突出主业，加快技术改造，扩大规模，完善管理，争取上市。着力培育一批以循环农产品为原料、辐射带动能力和市场竞争力强的"三五"、"亿千"农业龙头企业。引导农民专业合作社与农民建立紧密型的利益联结机制，积极探索农民专业合作社开展信用合作，不断提高农业生产和农民组织化程度。加强土地流转服务，创新土地流转方式，鼓励土地使用权向家庭农场流转，并加强人才培养服务，将家庭农场人才培养放在新型农民培训重中之重位置，通过定期培训，提高家庭农场人员素质，增强生产经营能力，着力培育一批有文化、懂经营、会管理的新型职业农场主。

4.5.4 构建农业可持续发展模式和技术体系

科技是保证农业可持续发展的前提和动力，农业专业人才是实现科技创新和产业发展的根本。依靠农业科技创新，提高农业核心竞争力。加快创新发展，推进创新型农业建设，是探寻现代农业跨越发展新动力的核心。坚持将科技创新作为农业发展方式转变的关键，深入实施科教兴农和人才强农战略，加强农业科技攻关，加快农业科技成果转化应用，强化农业科技培训，提高农业科技贡献份额，切实把农业发展转到依靠科技进步、劳动者素质提高和管理创新的轨道上来。

围绕特色主导产业，重点在生物技术、良种培育、高效栽培模式、节本降耗技术、生态养殖、清洁能源利用、疫病防控、农业面源污染治理等方面实现创新和突破。鼓励有基础、有实力的循环农业龙头企业建立研发中心，加强农产品精深加工、储藏、保鲜等技术的研发，不断提高循环农业模式创新能力，增强农业发展后劲。

建立健全农业科技人才培训机制和经费保障机制，稳定农技推广队伍，为推进循环农业科技进步提供人才保障，尤其是基层农业科技人才队伍的建设与培养。广泛吸引农业院校毕业生参与循环农业农技推广事业，大力培养各类农民专家及农村乡土人才。围绕特色主导产业的发展，组建若干个特色产业专家服务团队，提高特色产业的科技竞争力。建立农民专家津贴制度，充分发挥农民专家在科技示范、推广服务方面的特殊作用。深入实施"科技入户工程"，广泛开展农技人员联基地联大户活动，加快先进技术转化应用。积极实施"百万农村中专生计划"和新型农民科技培训工程，不断提高农民应用循环农业科技的能力和水平。

大力推进农作制度创新，加快推广粮经轮作、种养结合、立体混养、复合配套等种养新模式。深入实施种子种苗工程，加强良种育繁推体系建设，提高良种覆盖率。重点推广农作物和畜禽良种、优质高产栽培及养殖、农业节本增效控害、动植物重大疫病综合防控、农产品质量安全和标准化、新型农业机械、农产品贮运保鲜和精深加工、农业节能减排、农业信息化、农业抗灾减灾等十项技术，进一步提高农业科技应用率。

4.5.5 加快可持续农业制度体制机制创新

建立健全农业资源管理体制机制，完善定价机制、补偿和奖惩机制，确保农业资源合理利用和生态环境保护。一是健全、完善农业可持续发展的制度体系，通过法律法规的强制性手段将农业污染监管机制固定下来，提高农业人员法律意识，明确他们的责任和义务。二是建立相应的奖惩制度，对于违反循环农业法规的人们给予适当惩罚，支持农业循环经济的发展，确立农业循环经济的权威性。三是稳定增加财政投入，新增农业补贴要向发展种养结合、农业废弃物资源化利用的项目倾斜，逐步增加农业综合开发财政资金投入。四是引导社会资本投入，鼓励各行各业制定发展规划、安排项目、增加投资要主动向农村倾斜。制定各类企业参与和支持农业农村发展的具体办法。鼓励企业和社会组织在农村兴办医疗卫生、教育培训、社会服务等各类事业，并按规定享受税收优惠、管护费用补助等政策。

4.5.6 加快绿色农业品牌建设

发挥新余市生态优势，加快推进农业标准化生产，培育一批产品品牌、企业品牌，创建全域绿色农业区域公用品牌，授权企业使用区域品牌，并通过国内外专业展会、新闻媒体、网络，广泛进行宣传推介，形成新余市品牌发展合力。

参照"会仙"牌有机鱼品牌建设，鼓励引导经营主体开展育品牌、创品牌工作，产出一批区域特色优势农产品品牌。通过政府扶持引导，加快建立国内知名品牌、省内区域性品牌和市内特色品牌相结合的分层培育创牌梯队。尽快形成一批在国内外有影响的绿色农产品、生物有机肥等知名农资品牌和著名商标，以展示展销等农业重大活动为平台，加大招商引资，主动接轨上海，积极开拓国际、国内市场，确保产品出口持续增长。积极培育物流企业、农民运输专业合作社、购销大户和农村经纪人等各类市场主体参与农产品流通，逐步形成多层次的营销网络，不断提高新余市生态循环农业农产品、投入品的市场占有率和竞争力。继续开展全国休闲农业与乡村旅游示范县创建，通过旅游精品路线打造、农业嘉年华举办等，做响新余农业品牌，建设赣鄱重要的休闲农业旅游目的地。

5 农业可持续发展战略格局

5.1 整体空间格局

  农业可持续发展的中心问题是农业生产的可持续，而农业生产可持续发展的关键是优化农业产业布局。以农业生态可持续为基础，农业经济效益可持续为必要条件，坚守生态环保底线、耕地质量底线，坚定生产效率导向、经济效益导向，坚持理念上生态优先、技术上环保优先、结构上循环优先原则，围绕高效、低碳、减排要求，构建生态循环型产业体系、环境友好型技术体系，节约资源节省投入、提高资源利用效率、确保产品和环境安全、提升景观档次功能，突出生态农业效益，促进"三生融合"、"城乡融合"、"三产融合"，逐步建立起农业生产力与资源环境承载力相匹配的农业产业新格局，实现农业可持续发展。

  根据新余市当地资源禀赋、环境容量、农民需求，结合各分区的农业结构特点，合理调整新余市域农业产业结构与布局。新余可持续农业发展空间发展战略为"中优主城、东进罗坊、西联仙湖、北融新城"，形成"一圈、一核、两带、三区、多点"的总体空间格局，建构区域"点—面—片"循环农业空间体系（图 5-1）。

  "一圈"：环绕新余主城的城郊都市农业发展圈；"一核"：罗坊循环产业融合型可持续农业发展核；"两带"：沿新余主干河道袁河的自然——城镇融合可持续发展带，以及袁河重要支流的孔目江城乡一体化生态经济发展带；"三区"：东部平原资源化循环利用可持续农业发展区、西北丘陵农林生态复合型可持续农业发展区以及西南自然生态保育旅游型可持续农业发展区；"多点"：散落在新余的若干生态循环可持续农业示范项目。

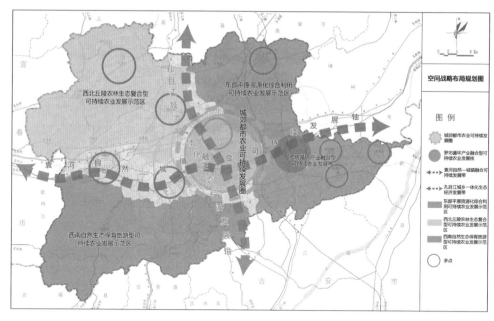

图 5-1　新余市空间战略布局规划图

5.1.1　一圈：城郊都市农业可持续发展圈

环绕新余主城构成的一个城郊都市农业圈，充分发挥农业对城市的保障功能和服务功能，紧密依托城市、服务城市，大力发展为满足城市多方面需求服务，尤以生产性、生活性、生态性功能为主的多功能都市农业。

以生态绿色农业、观光休闲农业、市场创汇农业、高科技现代农业为标志，以园艺化、设施化、工厂化生产为手段，以新余城市需求为导向，融生产性、生活性和生态性于一体，优质高效和可持续发展相结合。同时，带动相关都市型农业产业的发展，促进剩余劳动力转移，扩大劳动就业；疏散城市拥挤人口，减轻城市人口压力；扩大城乡文化、信息交流，促进农村开放；绿化美化人居环境，提高城市生活和生存环境质量。

5.1.2　一核：罗坊循环产业融合型可持续农业发展核

依托罗坊镇"区域循环农业－城乡统筹发展"模式先行建设基础，站位国际、立足国内，结合新余市农业农村发展实际，构建"农业嘉年华＋区域生态循环农业示范区＋城乡统筹示范区"的发展模式，引进、展示国内外先进的可持续农业发展模式、技术，将农业与会展、创意、旅游、文化、美丽乡村建设、生态环境建设等结合，培育新型生态产业、孵化生态品牌、发展壮大生态农庄（农场）、培养生态农民、建设生态乡村、建立综合生态信息平台，形成示范带动全市农业可持续发展的科技高地、生态旅游目的地、培训基地、文创基地和双创平台。

建设新余市农业可持续发展的试验示范单元、国内外农业可持续发展技术交流平台，促进新余市成为全国循环产业融合型可持续农业发展示范区。

建设农业可持续发展主题的农业嘉年华，起到快速集聚人气、打造交流展示平台的作用，重点建设综合服务区、嘉年华主题场馆、田园嘉年华区，综合服务区是嘉年华的组织运营管理中心，嘉年华主题场馆主要进行适宜新余实际、国内领先、国际标准的农业可持续发展技术和模式的示范应用，融入新余农耕文化等，打造新余特色的"绿色农业嘉年华"，田园嘉年华以新余田园风光为基底，针对游客休闲旅游需求，开发情景体验模式，丰富农业旅游业态。

区域生态循环农业示范区作为新余市农业可持续发展的先行区，聚集科技、资金、人才等要素，以"种养结合、生态循环"为产业特点，重点发展新兴生态产业，开发绿色投入品，发展有机肥、生物农药等产业，集聚生态产业企业；高标准建设绿色生态理念的农业园区、生态农场等，打造绿色种养殖、农田景观等相结合的生态农业综合体；融合新余特色农耕文化、创意、休闲旅游等元素，发展观光休闲、健康养老、乡村旅游等，壮大生态农庄；建设生态农民培训基地，培养具有农业生态环境保护意识、掌握农业生态环境保护技术、懂得生态农场经营的职业生态农民，培养掌握市场生态安全需求，利用现代信息技术营销的职业经理人；建立环境监控、投入品管理、农产品质量追溯等一体化的综合信息平台，建立监测、信息公开、生产者和消费者服务等服务体系。

通过区域生态循环农业发展，推进城乡环境综合治理。以城乡统筹为原则，大力发展节能环保产业等绿色产业，推进生物质发电、生物质能源、沼气能源等应用。在农村环境保护上深入推进新一轮农村环境连片整治，扎实抓好农业面源污染防治，探索种养结合、生态养殖、农业废弃物资源化利用等生态循环农业模式，切实保障农村饮用水安全。

5.1.3 两带：袁河自然—城镇融合可持续发展带、孔目江城乡一体化生态 经济发展带

沿新余市主干河流袁河及其重要支流孔目江，建设一横一纵两大主题发展带。依托罗坊–中心城区–仙女湖城乡一体化发展空间轴，建设贯穿新余市东西向的自然–城镇融合农业可持续发展主题带；依托孔目江生态经济走廊，有机衔接新余主城与城北新城，建设南北向展示新余现代农业科技与城乡一体化生态经济主题带。集中展示循环种养结合、农业废弃物资源化利用与再生、都市多功能农业、休闲农业与乡村旅游、现代农业科技等示范工程（项目），高效运用组织和制度资源，推动城乡统筹可持续发展与区域经济一体化，并带动其他辐射区域的农业可持续发展。

5.1.4 三区：东部平原资源化综合利用可持续农业发展示范区、西北丘陵 农林生态复合型可持续农业发展示范区、西南自然生态保育旅游型 可持续农业发展示范区

东部平原资源化综合利用可持续农业发展示范区：以优质稻米生产、健康养殖、特色林果为支柱农业产业，以农业废弃物资源化利用龙头企业为核心，以罗坊沼气站、万亩新余蜜桔基地、水稻–沼气–果蔬示范工程等重点项目为载体，以低投入、低消耗、低排放、高产出、高效率、能循环的可持续循环种养与农业废弃物资源化利用为主线，大力推广罗坊沼气站"N2N"模式，培育构建形成"资源–产品–农业废弃物（再生资源）–产品–资源"的循环产业链体系。

西北丘陵农林生态复合型可持续农业发展示范区：该区域丘陵、农田、城镇等多种土地利用镶嵌，是新余市种植业、林业以及养殖业的重要主产区，该区域应积极调整和优化农业产业结构，以环境容量为准则，对新、改、扩建畜禽养殖项目全面实施环境影响评价制度，转变畜牧业规模化、集约化发展方式，大力推广农牧结合、林牧结合、种养结合的生态养殖模式，在生态种植业、生态畜牧业、生态林业、生态渔业及生态加工业之间，通过废弃物循环利用、要素耦合等方式形成网状的相互依存、协同作用的有机整体，建设丘陵农林生态复合型循环生态农业先行示范区。

西南自然生态保育旅游型可持续农业发展示范区：依托和发挥自然山水优

势资源，尤其是仙女湖、仰天岗等重要山水生态资源与自然环境优势，在不破坏当地原生生态环境的条件下，多角度、全方位地深入挖掘、开发农业休闲旅游资源，形成产业基地建设与乡村休闲基地建设相结合、现代农业示范园区为依托、特色乡村休闲街坊（小镇）与农业休闲旅游综合体为载体的多种发展模式，将仰天岗国家森林公园、仙女湖景区、凯光新天地生态文化休闲旅游度假区等重点生态旅游产业区域聚群发展，结合抱石文化创意园、佛教文化博览园、天工文化创意园、兰花博览园等一批旅游产业综合体项目的建设，形成规模集聚效应，打造富有地方特色的休闲农业与美丽乡村创建示范点、新农村建设精品点和精品农村社区，建成引领新余休闲农业可持续发展的成功典范和重要增长极，进一步辐射带动全市休闲农业产业集群化、特色化和品牌化发展。

5.1.5 多点

散落在新余的若干生态循环可持续农业示范项目工程，充分发挥其对周边区域的辐射带动功能和作用，形成以点（示范园）为核心力量、以面（示范区）为中坚力量、以片（辐射区）为发展力量、灵活又有序的可持续循环农业空间体系。

以"对基础主导产业有示范带动作用、符合满足本地需求和品牌建设两个主要方向、利于新兴产业建设和产业链条发展"为原则，规划提出"6个一批"重点任务，即出台一批绿色发展政策、发展一批生态示范农场（基地）、壮大一批生态示范农庄、培养一批生态农民、培育一批生态产业、建立一条全产业服务链，构建5类43项重点建设项目（表5-1）。

表5-1　5类43项重点建设项目表

序号	类型	产业	名称	规模、数量	地点
1	生态示范农场（基地）	粮油	高标准农田建设项目	55万亩	仙女湖区、渝水区、分宜县、高新区发展基础较好的乡镇
2			水稻良种种植示范基地	3~4个 10万亩	罗坊镇等发展基础较好的乡镇
3			高产高效优质水稻示范基地	2~3个 10万~15万亩	罗坊镇、姚圩镇、新溪乡等4个乡镇

（续表）

序号	类型	产业	名称	规模、数量	地点
4	生态示范农场（基地）	粮油	水稻生产全程机械化示范基地	10 万亩	新余市各县（区）
5		养殖	生猪标准化养殖场	60 个	新余市各县（区）
6			水产标准化养殖场	50 个	新余市各县（区）
7			牛标准化养殖场	5 个	新余市各县（区）
8			种猪扩繁场	4 个	新余市各县（区）
9		蔬菜	蔬菜标准化生产示范基地	5 万亩	界水乡
10			设施蔬菜基地	2 万亩	罗坊平塘等乡镇
11			蔬菜工厂化育苗中心	1 个育苗示范中心和 5 个育苗示范区	新余市各县（区）
12			食用菌生产基地	1~2 个 1.5 亿袋	分宜县发展较好的乡镇
13		园艺林果	优质苗木花卉基地	20 万亩	新余市各县（区）
14			蜜桔标准化生态果园	10 万亩	新余市各县（区）
15			早熟梨标准化种植基地	2 万亩	新余市各县（区）
16			葡萄标准化种植基地	3 万亩	新余市各县（区）
17		特色产业	高产油茶标准化示范园	5 万亩	罗坊、凤阳等乡镇
18			油茶良种繁育体系建设	2 个良种基地和 3 个良种采穗圃	罗坊、凤阳等乡镇
19			连片百亩中药材种植基地	6~8 个 10 万亩	新余市各县（区）
20	生态示范农庄		百丈峰绿色、有机生态农业园	1 个	渝水区
21			界水绿色、有机蔬菜基地	1 个	渝水区
22			特色蜜桔观光生态园	2~3 个	新余市各县（区）
23			万亩油茶观光园	1 个	渝水区
24			现代农业文化创意产业园	5 个	新余市各县（区）
25			夏布刺绣文化创意产业园	1 个	分宜县双林镇
26			农耕文化园	4 个	仙女湖区、渝水区、分宜县、高新区发展基础较好的乡镇

（续表）

序号	类型	产业	名称	规模、数量	地点
27	生态农民		新型农民培训、新型经营主体服务体系	4~5 个	新余市各县（区）
28	生态产业		规模化沼气工程	1 个	罗坊等乡镇
29			生态循环农业基地	1 万亩以上	新余市各县（区）
30			种养结合型循环农业示范基地	200 个	新余市各县（区）
31			农产品加工副产品综合利用提升工程	10 余家企业	新余市各县（区）
32			草食畜牧业饲草料基地	2 万亩	新余市各县（区）
33			粪便有机肥厂	2 个	新余市各县（区）
34			秸秆有机肥生产企业	2 个	新余市各县（区）
35			年利用秸秆 5 万吨以上大型饲料企业	3 个	新余市各县（区）
36			废旧地膜回收企业	1 个	新余市各县（区）
37	全产业服务链		绿色、有机农产品加工园	1 000 亩	仰天岗区
38			农产品加工与物流中心	各产业加工生产线与物流运输	渝水区
39			经营性农业服务组织发展项目	数个	新余市各县（区）
40			农产品与环境质量监管平台	数个	新余市各县（区）
41			孔目江国家农业科技园	10 000 亩	渝水区
42			凤阳高效生态农牧示范园	10 000 亩	分宜县
43			绿色农业嘉年华	10 000 亩	罗坊镇

出台一批绿色发展政策。涉农政策向农业可持续发展倾斜，建立农业可持续发展支持政策体系，完善和落实国家和江西省相关的支持政策。新余市加大财政支持力度，提供专项资金支持；金融、财税部门对农业可持续发展在信贷、税收、保险等方面实行倾斜；建立生态补偿机制，促进经济效益和生态效益的良好结合；加快特色农业和生态农业发展，确保环境、社会和经济协调发展。

建立一批生态示范农场（基地）。根据各镇优势特色进行专业化标准化生产。推广应用先进适用的现代生态农业新技术，分成粮油、养殖、蔬菜、园艺林果、特色产业等几方面建成高标准生态化种养殖基地。针对城乡居民绿色消费需求，生产供给安全优质农产品。

建设一批生态示范农庄。以提供参与乡村生产生活、体验农场景色为目标，以新型经营主体为主导，发展功能多元、特色突出的服务性生态农庄，突出社会生活功能和旅游环保功能；以集生态、观光、体验等于一体的生态休闲农庄为主题，农旅结合，最大限度发挥生态效能，挖掘经济潜能。重点打造百丈峰有机生态农业园、特色蜜桔观光生态园、夏布刺绣文化创意产业园等一系列综合性园区。

培养一批生态农民。培养农民生态意识，以推进生态农业可持续发展。完善新型农民培训、新型经营主体服务体系，培养具有农业生态环境保护意识、掌握农业生态环境保护技术、懂得生态农场经营的职业农民，培养既了解农业、农村、农民，又了解市民对生态、食品安全，会利用现代信息技术营销的职业经理人。

培育一批生态产业。基于绿色农业发展需求，从绿色投入品开发、清洁生产设备和农产品加工装备等方面产业的延伸发展支持生态农业产业。绿色投入品开发以生态化的专用有机肥、生物农药和生物制剂、资源节约型新品种开发等为重点，以及土壤修复和营养供应产品开发，包括土壤调理剂、抗重茬剂、有机质保水剂等；高效节本、绿色环保和智能安全的农机技术与产品装备创新设计、研发制造、推广示范，治理面源污染的农机化技术和装备等研发制造；加大绿色农产品加工设备，加强环保包装、质量检测等设备开发。近期以规模化沼气工程（清洁能源生产）、有机肥生产、秸秆综合利用为重点，不断向其他生态产业延伸。

建立一条全产业服务链。发挥共享经济优势，建立生态示范农场产地环境、生态技术产品、农产品溯源一体化的综合信息平台；建立有机肥、农药、有机食品加工等产业联盟，整合涉农支持单位的资源，组织化、协同化发展；建立第三方监测、预警、信息公开、行业规范等链条式服务平台。

5.2　循环体系格局

建立多尺度、多维度的可持续循环农业体系，分别在农业生产内部（生产循环体系）、不同农业生态系统间（产业循环体系）、市域社会经济系统（地域循环体系）三个不同尺度和层次范围内构建清洁生产和资源节约高效利用的可持续循环农业体系，最终形成"主体小循环、园区中循环、市域大循环"的新格局。

5.2.1 生产循环体系

在生态循环农业的理论引导下，在生产经营主体（农户、企业、合作社、家庭农牧场）内部，根据其生产结构与特点，按照著名生态学家马世骏先生提出的"整体、协调、循环、再生"的生态农业组织原理，将经营主体内部的种植业生产（含农田土壤、作物群落、经济产品、作物残体）、养殖业生产（含饲料生产与加工、排泄废弃物收集）、农业废弃物资源化处理和利用等过程和生产经营项目科学地组合成一个结构合理、比例协调、操作规范、相互衔接、管理有序的农业系统，以实现经营主体内部物质能量的高效循环利用。从物质循环特点看，生产经营主体内的循环农业模式有以下几种。

5.2.1.1 秸秆原位还田循环农业生产模式

种植业经营主体运用机械和生物技术，建立秸秆原位（就地）循环的循环型生态农业系统，达到减少秸秆遗弃和焚烧的环境污染、有效培肥土壤、降低化肥投入、改善产品质量的实际效果。

5.2.1.2 农牧结合循环农业生产模式

养殖业经营主体通过配套粮食、果树、蔬菜、牧草（甚至水产养殖）生产以及配合饲料生产，采用节水养殖技术，运用粪尿污水干湿分离、沼气发酵与发电、专用有机肥生产设备等开展养殖废弃物资源再生性生产，形成融种植、养殖、生物质能源再生利用、有机肥生产利用或商业销售为一体的综合型生态循环农业系统。以便充分利用土地资源和饲料生物质资源，有效改善养殖业生产卫生和环境条件，大幅度减少养殖废弃物的污染，显著节省生产成本、提高经营效益，实现养殖业经营主体的高效、安全和可持续生产。

5.2.1.3 林草（牧）复合生态循环农业生产模式

林果生产经营主体利用林间和林下空间，季节性地开展种草、养鸡等立体复合型生产，提高了林地植被覆盖度和生物量，有效减少水土流失和养分损失，通过林下植物残体和养殖动物实现有机物和养分的原位（就地）循环，还可以有效抑制杂草、保护土壤水分、增加土壤有机物、降低生产成本和自然灾害、提高林果产品质量。

通过无数基于生态循环模式的农业生产经营主体构建起区域农业可持续发展的"功能细胞"，这是生态循环农业的初级（原始）组织形式，是现代循环农业发展的必然阶段。

针对新余当地水稻种植产业、规模化养殖重点产业、新余蜜桔和蔬菜等特色产业，以及以中小型经营主体规模为主要模式类型的特点，以小型经营为主体、核心企业为依托，大力发展各种类型的循环农业，培育构建"种植业－秸秆－畜禽养殖－粪便－沼肥还田"、"养殖业－畜禽粪便－沼渣／沼液－种植业"等农田、养殖、果园内外循环利用模式。大力推广高效立体农业技术、秸秆安全全量还田技术；推行畜禽清洁化健康养殖；强调农作物种植与牲畜养殖相结合的技术；积极探索废弃物肥料化、饲料化、能源化利用途径，以及有机肥加工制造、农产品加工废物综合利用、农村生活污水沼气净化处理、农业废旧设施回收利用等相关技术，建设生态循环型现代农业生产体系应充分采纳各种循环经济模式为体系所用。

可持续农业生产循环体系示意图见图5-2。

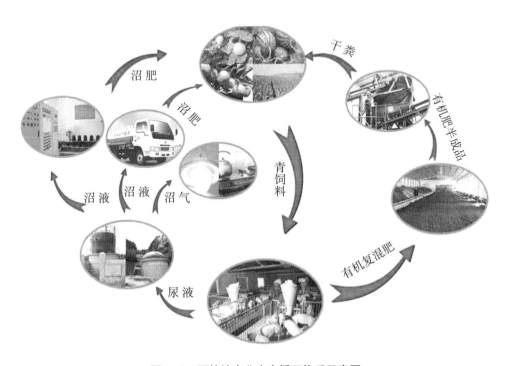

图5-2 可持续农业生产循环体系示意图

5.2.2 产业循环体系

现代农业以农产品生产为基础，以农产品加工为龙头，以农产品物流为脉络，支撑起现代社会的存在、繁荣和发展，构建起农业与外部社会的经济循环体系。农产品生产以种植业生产为基本前提、以畜禽水产养殖为重要节点、以农田和土壤为载体支撑着年复一年的生产，构建起农业内部的生态循环体系。

现代社会的农业发展，既需要内部的生态循环确保其基本功能，更需要与社

专栏二：生产循环体系案例

江苏田娘农场——粪肥资源化利用循环模式

田娘科技公司运用高温好氧发酵工艺，实现了畜禽粪便和秸秆的联合高效、快速发酵，生产出了优质的有机肥料，"田娘"牌有机肥料被评为全省首个有机肥料著名商标。13年间，田娘共消化150多万吨粪便等废弃物，生产60万吨养土肥田的有机肥，以有机肥为纽带，种植水稻，种植的大米通过有机认证，被评为江苏省名牌农产品，同时探索用有机肥为基质土育秧，提升稻米品质。

湖北稻渔综合种养循环模式

稻渔综合种养是在稻田种稻和养鱼，发挥稻渔两者共生互利的作用，促进物质和能量良性循环，产出有机水稻和有机水产品。湖北省主要有"稻虾共作"、"香稻嘉鱼"、"稻鳅共作"、"鳖虾鱼稻"等几个成熟模式。

稻渔综合种养是在稻田内开挖宽3米左右、深1.5米左右回型沟或十字沟，约占8%左右稻田面积，但通过连片开发、稻田小改大，减少了田埂道路，可增加稻田面积。稻渔综合种养利用物质循环原理，采用生物防治、物理防治等生态防治方法，减少化肥和化学农药使用，有效控制了面源污染。通过连续3年测产验收结果表明，稻渔综合种养单产较单一种稻可提高8%~10%。全省已有206万亩撂荒、低湖、低洼、冷浸田得到开发利用，实地测产验收表明，稻渔综合种养平均亩产稻谷500千克以上、水产品100千克左右。

依托稻渔综合种养产品的优良品质，成功打造潜江"虾乡稻"、鄂州"洋泽"大米，"楚江红"、"良仁"牌小龙虾等精品名牌。并推动种养结合、产业融合，加快推进"一鱼一产业"发展目标。通过"稻虾共作"，湖北省小龙虾产业已形成了集养殖、繁育、加工、流通、餐饮、出口、节庆、旅游、电商于一体的产业发展体系，全省现有流通经纪人1万余人、虾店虾馆近2万家，2015年全省仅小龙虾一项综合产值就突破600亿元。

会的外部经济循环赋予其发展的活力。产业链是构建健康和充满活力的循环农业系统的根本组织模式，基于产业链的社会化循环农业是现代循环农业发展的高级阶段。通过循环型农业产业链组织，保证了涉农经营主体的专业化发展方向，也维持了农业系统生态循环的自然基础，极大提升了现代循环农业的效率、效益、质量。现代循环农业产业链有若干模式。

5.2.2.1 种植业－养殖业产业链

专门或主要从事种植业生产的某个或多个经营主体，与专门或主要从事养殖业生产的某个或多个经营主体，通过经济契约形成固定的利益和发展共荣体。产业链中的经营主体，通过生产专业化水平的提高和稳定的废弃物－原料产消关系，各取所需、各得其所，实现了生产的专业化和产业的链接态，构建起高度专业化、规模化、一体化、循环化的生产和经济组织体系，立足于现代社会经济激烈竞争之中。

5.2.2.2 种植业或养殖业－加工业产业链

通过与加工业的紧密链接，增强了与同类种养产业的竞争力、降低了生存发展的风险，节省了加工业的运作成本、增强了加工业的竞争力，产业链组织成员分享了链接形成的利益。

5.2.2.3 种植－养殖－加工－物流商贸产业链

这种产业链形成了农产品生产、农产品加工、农产品和农产加工产品市场销售完整的产品生产－消费链，进一步放大前述产业链的新增效率和效益，不仅为生产者也为消费者带来了新的利益。

通过诸多基于产业链的生态循环产业组织，涉农产业构筑起以产业为基础的区域内或跨区域的农业可持续发展"组织体系"，以便更加有效地协调资源、环境、技术、产品安全性与质量、生产经营者、产品消费者各方面的关系及利益，这是生态循环农业的高级（现代）组织形式，也是现代循环农业发展的必然阶段。

依据一定的农业生产经济技术要求和前、后向的关联关系，通过不同工艺流程间的横向耦合、产业共生及资源共享，连接不同农业产业部门，在种植业、林业、渔业、畜牧业及其延伸的农产品加工业、农产品贸易与服务业、农产品消费领域之间，通过废弃物交换、循环利用、要素耦合和产业联接等方式，建立产业生态系统的"食物链"，形成相互依存、密切联系、协同作用、链条式集合的新型可持续发展农业产业链结构，以及呈网状的农业产业化网络体系。将新余市农业的生产、加工、贸易、物流等一二三产业构建成一个各产业有机链接的"大产业循环体系"，重点发展粮食种植（水稻）、蔬菜种植、油料种植生产为主的第一产业，以高新技术为链接联合第一产业与工业为主发展的第二产业，同时将现代生态循环农业融入以旅游业为主的第三产业。

从产业链条组成来看，循环农业产业链是"链核、链环、链体"三者的统一体。"链核"是产业链条内处于主导地位的农业产业部门，"链环"是产业链条的构成环节和基本要素，"链体"是产业链条各环节之间供给与需求、投入与产出的关系。根据新余市农业发展现状，以农业废弃物资源化利用企业、大规模产品加工企业为"链核"，以主导农产品生产为基础，形成种植 – 养殖 – 加工 – 销售、种植 – 加工 – 资源化、养殖 – 加工 – 资源化等众多各种形式的子循环链。以关键龙头企业作为中坚（例如：罗坊沼气站连接规模化生产企业（链条节点）或一定规模的专业化生产农户，形成产业（经营者）之间比较稳定、有关键技术和合理模式支撑的循环型和生态环境友好型产业体系。

可持续发展农业产业链的网络形式构成见表 5-2。可持续农业产业循环体系示意图见图 5-3。

表 5-2　可持续发展农业产业链的网络形式构成

网络形式	链核	链环
基本网络形式	种植业	种植业 + 畜牧业 + 加工业 + 农业废弃物产业
		种植业 + 渔业 + 加工业 + 农业废弃物产业
		种植业 + 林业 + 加工业 + 农业废弃物产业
	畜牧业	畜牧业 + 渔业 + 加工业 + 农业废弃物产业
		畜牧业 + 林业 + 加工业 + 农业废弃物产业
优化网络形式	种植业、畜牧业	种植业 + 畜牧业 + 渔业 + 加工业 + 农业废弃物产业
		种植业 + 畜牧业 + 林业 + 加工业 + 农业废弃物产业
		畜牧业 + 渔业 + 林业 + 加工业 + 农业废弃物产业
复合网络形式	加工业、农业废弃物产业	种植业 + 畜牧业 + 渔业 + 林业 + 加工业 + 农业废弃物产业

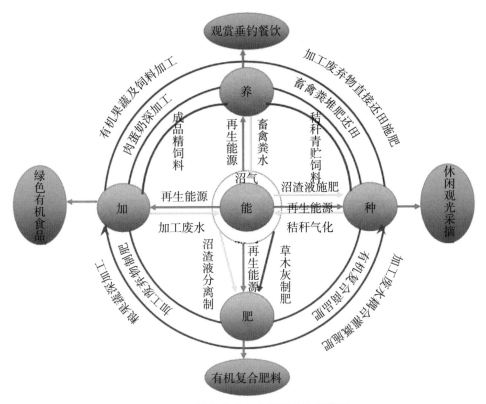

图 5-3　可持续农业产业循环体系示意图

5.2.3 地域循环体系

　　由于自然资源、生态环境、社会生活的区域性存在特性，跨区域的产业链组织作为自发的经济组合体，往往会由于过度追逐眼前的经济利益而忽视了资源、环境潜在的破坏或退化危险，忽略了社会各群体的利益公平和公正等潜在或现实问题，不利于社会经济的协调、平衡、可持续发展。因而需要由政府出面，根据资源环境社会区域性特点和各方协调的要求，对区域内循环农业经营主体行为以及循环农业产业链相关产业发展进行及时适当的调整、优化、管理，确保本辖区现代农业的可持续发展。

　　政府对区域农业整体发展的规划引导、对循环农业生产经营细胞和循环农业产业链组织行为的监管、对区域生态社会综合发展环境的建设管理，是不断优化循环农业系统的结构和组织，有效应对因农业和社会发展及自然环境条件演变而变化了的综合环境条件，实现本区域循环农业系统健康发展的必须条件。所以，除了循环农业的经营主体细胞建设、产业链组织建设，还必须有一定区域（乡镇甚至更大区域）内政府主导下的循环农业实体运作单元的建设，一般表现为项目区、园区、开发区或整个行政区生态循环农业系统的建设。

专栏三：产业循环体系案例（产业内）

安徽利辛现代农业循环经济产业园——沼气为纽带的循环模式

产业园位于利辛县西南部，总面积6.2万亩，涉及永兴镇诸王、谢集等7个行政村，对外交通便利、自然环境优良；其中，2.1万亩为核心先导示范区。2013年6月，安徽省政府批准其为省级现代农业示范区。而位于产业园核心区的诸王村也被评为全国美丽乡村创建试点村，解集村被评为安徽省美丽宜居村庄。

产业园遵循"减量化、再利用、再循环"的发展理念，以现代化的沼气工程为纽带，将种植、养殖、加工、休闲旅游与新农村居住有机结合，构建了产业园循环经济链条。各种循环种养模式的引入，使园区内的动植物资源得以充分利用。同时，新技术的应用，又为园区实现循环发展提供了有效的技术保障。产业园近几年取得了明显经济效益。2014年，利辛县依托永兴镇循环经济产业园综合利用5万亩秸秆，养殖1万头奶（肉）牛，种植2 000棚双孢蘑菇，种植2万亩蔬菜，带动2万贫困人口脱贫致富。截至2014年12月底，永兴镇产业园拥有养殖、种植企业36家，年回收秸秆5万多吨，已经完成投资8亿元，年利润9 000万元，吸引了周边劳动力就业3 000余人，带动群众增收4 000万元，达到生态效益、经济效益、社会效益、扶贫效益齐提升。循环经济的发展推动了永兴农业转型，安徽利辛现代农业循环经济产业园正在逐渐实现生态、经济、社会三效合一，实现人与自然和谐共生、可持续发展。

莘县县域循环农业——食用菌产业为纽带的循环模式

山东省聊城市莘县是典型的农业大县，食用菌产业为其主导产业之一，先后被评为"中国双孢菇之乡"、"全国食用菌行业先进县"等荣誉称号。

2015年，莘县食用菌栽培面积达9 000亩，依托食用菌产业发展循环经济，莘县农作物播种面积近225万亩，主要粮食作物有小麦、玉米、大豆、谷子等，其生产的秸秆等副产物可为食用菌种植的提供原材料，拉动食用菌产业的发展。利用当地麦秸、玉米芯、木屑、畜粪便等废弃资源作为食用菌培养基质，另一方面食用菌收获后剩下的培养基废料菌渣（菌糠），又可作为绿色有机肥用于蔬菜及粮食生产，还可作为节粮型饲料，用于牛等牲畜的喂养，使废弃物得到"整体、高效、循环、再生"的利用（下图）。

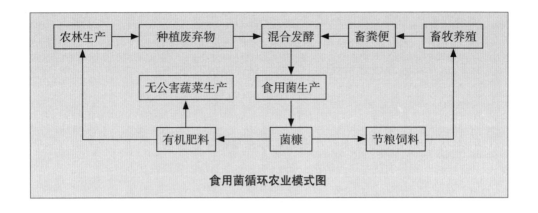

食用菌循环农业模式图

专栏四：产业循环体系案例（产业间）

日本滋贺县爱东町地区农业废弃物循环利用模式

日本滋贺县爱东町地区主要生产油菜、水稻、小麦等农作物，并以油菜生产加工产生的废料为原料，一部分用于生产优质饲料或肥料，发展畜禽养殖业和生态农业；一部分转化为生物燃油（BDF），作为农业机械燃料。

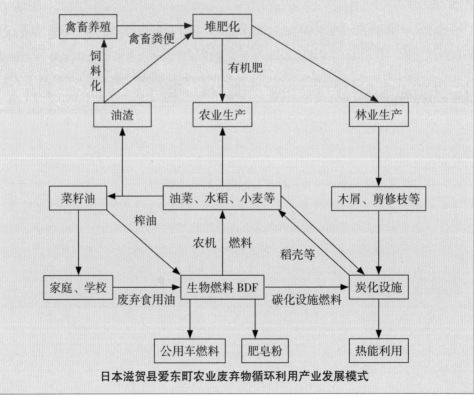

日本滋贺县爱东町农业废弃物循环利用产业发展模式

在新余市大尺度的空间区域内，按照第一、第二、第三产业的链条延伸进行层次化的设计，依据区域农业发展现状与规划，结合新余市主导种植产业（水稻）、特色农业产业（蜜桔、养殖业等）、生态条件、生产条件以及产业链条间的关系，将种植业、养殖业、渔业与农产品加工业的现状与实际紧密结合，同时考虑农村旅游的需求与规划等服务业的发展，突出主导产业、特色产业的延伸发展，长远规划与短期规划紧密结合，引导主导产业向优势产区集聚，积极推进农业资源优化配置，调整区域农业产业结构，优化发展区域农业系统，集约化组织体系内的生产、加工和销售，由各产业链条进一步组织成有机的链网结构，实现体系内农业产业集群发展，提高规模化和集约化程度，推进区域农业经济协调可持续发展。

着重从总体的顶层规划设计、机制制度创新、政策完善配套、组织管理有序、统筹协调发展等方面，构建以新型发展理念为指导、以循环经济网络结构为基础、政府引导宏观管理与企业实施市场调节相结合的全区域产业体系和运行机制，建立起以改革、创新、实践、探索、示范、完善一体化的区域可持续生态循环农业系统和现代高效农业可持续发展试验示范区，包括：东部平原资源化综合利用可持续农业发展区、西北丘陵农林生态复合型可持续农业发展区、西南自然生态保育旅游型可持续农业发展区。

可持续农业地域循环体系示意见图 5-4。

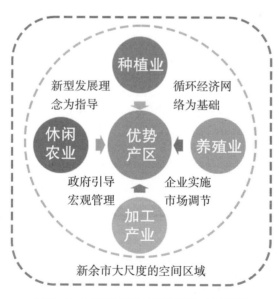

图 5-4 可持续农业地域循环体系示意图

专栏五：地域循环体系案例

洛阳市循环农业

作为全国循环农业示范市，洛阳探索发展农业循环经济，围绕资源利用节约化、生产过程清洁化、产业链接循环化、废弃物处理资源化，推动现代农业走上可持续发展之路。

畜牧养殖是洛阳高效农业的支柱。洛阳市围绕畜禽粪便资源化处理，发展循环农业示范园区 60 余个，辐射带动以沼气、沼液、沼渣"三沼"为纽带的循环农业面积 100 多万亩，"秸秆－鸡粪－基料－蘑菇－有机肥""养殖－农村沼气－沼气区域服务站－生态农业""养殖－沼气工程－水肥一体化－生物综合防治－蔬菜"等循环农业模式应运而生。具体运作中，以企业为带动，如洛阳生生乳业有限公司探索走出的"秸秆青贮－奶牛养殖－沼气工程－清洁能源－有机肥－果蔬种植－观光农业"循环农业发展之路。公司养殖奶牛 2 000 多头，不但解决周围 1.2 万亩农田的秸秆利用难题，而且年产沼气 70 多万立方米，可满足 300 多户群众的生活用能和牛奶加工用能，年产 2 万多吨沼液和沼渣也全部用于周边农业园区。

种植方面，普及主要农作物测土配方施肥的推广和农作物病虫害统防统治、绿色防控技术的，农药化肥减量使用，农业面源污染得到有效遏制。在孟津县洋丰生态园 800 多亩的果园，采用杀虫灯、诱虫板等虫害的物理防治办法，大幅压减农药、化肥使用量，代以沼液喷淋、以虫治虫、果实套袋等技术，不仅降低了种植成本，绿色果品也更受市场欢迎。

在农村发展层面，建成较为完善的农村清洁能源社会化服务体系，累计发展沼气用户 50 多万户，发展循环农业示范村已有 100 多个。发展"粪便秸秆入池，清洁能源入户，沼液、沼渣肥田"的循环模式，不仅让乡村环境更加靓丽，还成为山区群众脱贫增收的有效途径。循环农业示范村曲里村位于陆浑水库边，村民在'洗脚上岸'后，改变了靠水吃水的传统生活方式，养殖成了村民增收的主要途径，猪圈牛棚、鸡窝羊舍充斥村庄。近年，为改善农村环境，村里全面推广沼气工程。如今，粪污入池，沼气自用，告别了烧煤烧柴、环境脏乱的历史。

浙江安吉高效生态农业发展模式

浙江省西北部，是长三角腹地的生态明珠，被誉为长三角地区的绿色"氧吧"，重视生态循环农业建设，2013 年被命名为浙江省首批生态循环农业示范县。

主要做法有：在全县粮食生产功能区内发展以水稻为基础的粮菜结合、水旱轮作、农牧配套的循环农业；山区主要发展以水果、蔬菜、茶叶、中药材等经济作物为重点的特色农业，适度发展湖羊等食草动物；西苕溪中上游流域和重点库区周边以保护水土和涵养水源为前提，大力发展循环农业、生态林业和洁水渔业；以家庭农场、种养大户等为主体，创建生态农场等。其中，安吉县溪龙现代生态循环农业示范区围绕"循环、清洁、优质、高效"理念，在白茶、蚕桑、水产这三大主导产业上发展生态循环农业，产生了"蚕沙养鱼、淤泥回桑、桑叶养蚕"、"猪－沼－茶"等生态循环模式。

5.3　组织模式格局

5.3.1　微观：经营组织模式

在生态循环农业的理论引导下，通过"企业＋基地＋农户"或农民专业协会等组织形式，将散户农民集中管理，积极培育家庭农场、农民专业合作社，优化生产模式，高效利用各项农业资源，实行种养加再循环的微观生产模式。

农户庭院循环模式：在农户房前屋后的院落，以及周围的闲散土地和水域范围内，以庭院物质能源的循环利用为核心，围绕种植、畜牧、水产业等进行循环生产，构建以个体农户庭院经济为依托的循环农业模式，保护、改造、建设农户庭院生态系统的环境质量，提高资源的利用效率。

农业合作社循环模式：以农民为参与主体，围绕农、林、牧、副、渔，遵循生态循环农业经济规律和社会发展规律，有效运用农业高新技术，联合小农经营的农户构建农业合作社，进行各种投入要素的优化组合，实现资源的有效配置。

相关企业合作循环模式：农产品生产者、提供者与农业生产经营服务的相关企业在农业及其上下游产业的各环节进行双方优势要素的有效合作，充分挖掘农产品的产出利益及开发利用农业废弃物的潜在价值，变废为宝，构建高效可行的生态循环模式，实现企业和农民的共赢。在技术、信息、资金、购销、加工、贮运等环节进行全方位生产要素的合作，实行民主管理的互助性经济组织。

5.3.2　中观：产业链组织模式

在生态种植业、生态畜牧业、生态林业、生态渔业及生态加工业之间，通过废弃物交换、循环利用、要素耦合等方式形成网状的相互依存、协同作用的有机整体。形成"资源－产品－农业废弃物（再生资源）－产品－资源"的循环产业链。例如，将水稻、蜜桔、生猪养殖等新余市农业支柱和特色产业有机结合，通过农业废弃物多级循环利用，将上一产业的废弃物或副产品作为下一产业的原材料。在保证农产品高产出的同时，加大对畜禽粪便、秸秆等农业废弃物的综合利用，转农业废弃物为再生资源，增大农业生产的资源综合利用效果，最大限度开发利用各项农业资源，将循环产业链作用运作到实际。

在农产品自产地到餐桌全过程中推行清洁生产，污染防控，做到源头控制、中间处理、末端循环，使污染物排放量最小，同时，不断提升农产品精深加工水平，推广订单式农业模式，促进农业结构不断优化升级和农村产业的不断拓展，提升农业和农村经济的整体水平，实现传统农业向现代可持续农业的跨越。

5.3.3 宏观：产业联盟组织模式

由农、林、牧、渔等有关农业科研、生产、加工、流通及与之相关的企业、团体和个人自愿结成产业联盟。以共同发展需求为基础、深化农业产业化经营，以重大产业推动技术落实和革新，形成联合研发、优势互补、利益共享、风险共担的利益共同体和合作组织形式，从产业结构、空间布局、技术体系、管理体制、运营机制、关键和核心产业培育强化、生态环境保护和修复等方面取得突破性进展，建立具有全局性意义的纵向且全市核心的循环（网型）产业联盟体系，打造产业联盟品牌，例如：正合农业环保与废弃物资源化利用产业联盟，为推进全市域现代高效循环农业体系和农村社会经济文化生态全面协调可持续发展奠定坚实的基础。

农业产业可持续发展建设

构建以优质粮油产业、健康养殖产业、绿色蔬菜产业、特色林果产业、农产品加工与物流业、休闲农业与乡村旅游业为主体的循环农业产业体系。

巩固提高以绿色大米生产和优质油菜为主的粮油传统基础产业；在资源环境承载力允许范围内，适度发展现代规模化生态养殖产业；培育发展优质、高产、高效的绿色蔬菜以及以新余蜜桔为主的优质水果业等特色产业；强力延伸农产品产业链，推动产地加工纵深拓展，致力发展农畜产品深加工与物流业；建设以罗坊循环农业示范园为龙头的废弃物资源化利用与能源再生等生态静脉产业；生态农业和乡村休闲旅游产业相辅相成，相互促进，推动农村地区环境改善，农民生活水平提高，拉动农村地区经济发展；进而推动新余的农业产业向着高层面、多层次的方向发展，建立起可持续的农业发展结构与体系。

6.1 优质粮油产业

6.1.1 发展方向

围绕稳定粮食、壮大油茶、提升质量、提高效率的总体要求，加快粮油生产规模化和基地化，作业标准化和机械化、产品优质化和安全化、投入减量化和精准化，突破种植业社会化服务和一二三产衔接融合短板，提高全市粮油生产的现代化整体水平和可持续发展能力。

6.1.2 发展目标

一是粮油生产能力维持稳定略有增长。其中粮食种植总面积与水稻种植面积保持稳定，单产稳定、稍有增长，产品品质显著提升。油料种植面积与单产保持稳健适度增长，产品品质明显提升，其中油茶生产能力有较大增长。

二是化肥与化学农药（有效成分含量计）使用总量在实现减量化。

三是专业化、规模化、机械化、标准化水平大幅度提高，产品专业化初加工比例 70% 以上（大型现代粮油加工企业的加工比例）。

粮油产业生产发展目标（2015—2025）见表 6-1。

表 6-1　粮油产业生产发展目标（2015—2025）

指标	单位	2015 年	2018 年	2020 年	2025 年
粮食种植面积	万亩	150	150	150	150
粮食总产量	万吨	61	61	62	63
水稻种植面积	万亩	139	140	140	140
水稻亩产	千克/亩	420	430	435	445
水稻生产机械化率	%	65.63	70.1	80	83
油菜种植面积	万亩	11.1	11.5	12	13
油菜籽总产量	万吨	0.92	1.15	1.3	1.5
茶油总产量	吨	0.99	1.1	1.3	1.6
粮油优质品种占比	%	60	62	64	69
化学农药用量	吨	41 213	41 500	41 500	41 000
化肥用量	吨	1 897	1 800	1 800	1 750

注：化学农药和化肥用量均指有效成分含量。

6.1.3　产业布局

重点打造"罗坊、水北、杨桥、凤阳、高岚"连片高产高效标准化粮食生产示范带；以罗坊镇为核心区，建设高端（有机、绿色）粮食生产示范带。重点发展新溪乡、欧里镇白梅村为主的油菜生产优势区（图 6-1）。

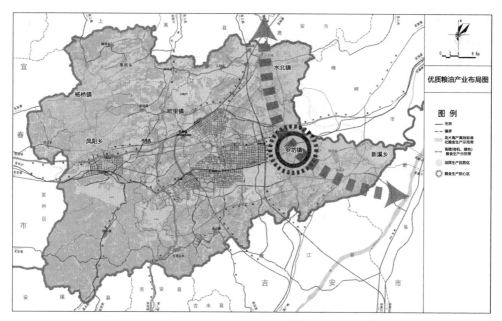

图 6-1　新余市优质粮油产业布局图

6.1.4　建设内容与规模

6.1.4.1　高标准农田建设

　　以分宜县、渝水区等为建设重点，通过土地平整、农田水利、田间道路、农田防护林等田间改造工程，配套节水灌溉设施，建设旱涝保收、高产稳产、节水高效的高标准农田 55 万亩。通过增施农家肥、秸秆还田等土壤培肥措施，开展土地平整与整治，改造中低产田 20 万亩，有效巩固和提高粮食综合生产能力。

6.1.4.2　良种推广体系建设

　　大力开展水稻优质高产示范，推广优良品种，提高单产和效益。加快新品种推广步伐，强化主导品种发布推广力度，培育良种示范户和种粮大户。规范农作物种子选育，加快适宜农作物优良品种的筛选，推广良种标准化生产技术操作流程，建设 3~4 个新品种示范展示点，展示面积 10 万亩。

6.1.4.3　优质安全粮油栽培关键新技术引进、集成、推广

　　健全区县乡镇粮油生产农技研发推广机构与体系，充实农技推广人才队伍，提炼集成不同作物的种植技术规范与生产管理措施，以实现优新品种选育、成熟

技术配套及其科学田间管理的优化组合。建立完善病虫监测和防控技术指导与社会化服务体系；引进示范推广有机稻生产的稻鸭（鱼）共作技术；测土配方施肥技术；害虫性诱、色诱、灯诱防控技术；水稻钵苗机插技术；研发秸秆安全全量还田相关技术；秸秆加工技术。

6.1.4.4　优质安全粮油生产基地和粮油高产创建示范基地建设

以罗坊镇、南安乡、新溪乡等为重点，建设高产优质水稻、绿色有机高端水稻、优质油菜、双低高产示范基地共计40万亩左右。开展新技术、新品种、节水示范，进一步规范种植标准，构建严格的产前、产中、产后全产业链质量标准控制体系，配备播种、收获、青贮等设施设备。

6.1.4.5　农业机械化推进工程

在水稻、油菜优势区，建设水稻生产全程机械化作业示范面积10万亩。购置育苗、插秧、收割、中耕、播种、深松、节水灌溉、秸秆还田机械和设备，扶持农机专业合作社发展。

6.1.5　重点项目与投资

重点建设高标准农田、粮油良种繁育基地、粮油高产高效示范基地等5个项目，预计投资252 000万元（表6-2）。

表6-2　优质粮油产业建设规划表

序号	项目名称	建设内容	建设地点	投资（万元）	建设时间（年）
1	高标准农田建设	实施土地平整、农田水利、田间道路工程，建设旱涝保收、节水高效的高标准农田55万亩。	仙女湖区、渝水区、分宜县、高新区发展基础较好的乡镇	165 000	2017—2020
2	粮油良种种植示范基地建设	规范农作物种子选育，加快适宜农作物优良品种的筛选，推广良种标准化生产技术操作流程，建设3~4个良种种植示范基地，种植面积10万亩。	罗坊镇等发展基础较好的乡镇	30 000	2017—2020

（续表）

序号	项目名称	建设内容	建设地点	投资（万元）	建设时间（年）
3	粮油高产高效示范基地建设	高产高效优质水稻示范基地2~3个，10万~15万亩；高产水稻、绿色有机水稻，10万亩；5万亩高标准优质油菜和4万亩花生生产基地。开展新技术、新品种、节水示范，配备播种、收获等设施设备。	罗坊镇、姚圩镇、新溪乡等4个乡镇	15 000	2017—2020
4	稻田复合种养示范基地	规划建设万亩现代化立体养殖基地，过腹秸秆还田、菜籽饼还田等方式实现稻田的生产绿色循环。	罗坊镇	12 000	2017—2020
5	农业机械化推进工程	建设水稻生产全程机械化作业示范面积10万亩。购置育苗、插秧、收割、播种、节水灌溉、还田机械设备，每个乡镇扶持1~2个农机合作社。	新余市各县（区）	30 000	2017—2020

6.2　健康养殖产业

6.2.1　发展方向

围绕优化养殖产业结构和布局、推进现代生态养殖业发展的总体目标，稳定发展新余市生猪、水禽特色产业，肉牛、羊等草食畜牧业，优化畜牧水产业结构，促进畜牧水产业健康发展。优化区域布局，合理划定"禁养区"、"限养区"、"可养区"，实施禁养区逐步退出、限养区加快改造、可养区稳步提升，坚持政府支持、企业主体、市场化运作的方针，以沼气和生物天然气为主要处理方向，以就地就近用于农村能源和农用有机肥为主要使用方向，力争在规划期间，基本解决大规模畜禽养殖场粪污处理和资源化问题，逐步建立畜牧业与种植业循环利用的农业生态体系。发挥新余市传统制造业发展优势，抓住农机生产市场潜力，大力培育发展畜禽设备产业。

6.2.2 发展目标

一是畜禽产品供给能力稳定增长，畜牧业生产结构进一步优化，规模化、标准化养殖程度稳步提高。

二是畜禽粪污无害化处理和资源利用水平显著提高，畜牧业产业化程度不断增强。确保 2017 年 6 月底前，完成禁养区内年出栏量在 1 000 头以下的规模养猪场关停或搬迁工作；2017 年 12 月底前，完成禁养区内畜禽规模养殖场的关停或搬迁工作和病死畜禽无害化集中处理体系建设工作；2018 年 6 月底前，完成限养区、可养区内畜禽规模养殖场生态化改造。

三是建设比较完善的畜牧业良种繁育体系、疾病防控体系、饲料生产体系、畜产品加工体系和市场营销体系。

四是构建种养结合、资源循环、养殖健康、高效生态的现代生态畜牧业新型产业体系。

规模化健康养殖产业发展阶段性目标（2018—2025 年）见表 6-3。

表 6-3　规模化健康养殖产业发展阶段性目标（2018—2025 年）

指标	单位	2015 年	2018 年	2020 年	2025 年
肉类总产量	万吨	9.1	9.2	9.5	10
牛出栏量	万头	5.6	7.8	8.5	9.5
猪肉产量	万吨	7.4	7.5	7.6	7.75
禽蛋产量	万吨	1.2	1.3	1.36	1.45
水产品产量	万吨	5.3	5.5	5.6	5.7
生猪年出栏数	万头	90	92	95	100
畜禽规模化养殖率	%	80	85	90	95
粪污无害化处理率	%	90	92	95	100

6.2.3 产业布局

立足新余市资源优势、品种优势，围绕粮食核心区建设，综合考虑资源和环境承载能力，重点建设生猪、家禽、肉牛和水产四大产业优势区域，带动新余市畜牧业快速发展，形成资源共享、优势互补、特色突出、竞相发展的现代畜牧业发展新格局。

新余市"三区"划分范围：仙女湖、孔目江沿岸 2 千米范围内及狮子口水库周边 2 千米集雨范围内为禁养区；其他集中饮用水源地 1 千米以内为禁养区，1 千米以外 3 千米以内为限养区。

● 禁养区区划范围

饮用水水源保护区；仙女湖区行政管辖范围内和环仙女湖乡镇（办）行政管辖范围内；小（一）型以上水库最高水位线以上 500 米集雨范围内，袁惠渠 500 米集雨范围内，袁河两岸 500 米范围内或至山脊线；风景名胜区、自然保护区、科学教育文化区、城镇、村庄、工业园区规划范围内；铁路、高速公路、国道两侧 500 米范围内。

● 限养区区划范围

各乡镇集镇规划区、核心景区红线 2 千米范围内，孔目江流域及集中水源保护区红线 2 千米范围内（除禁养区外），村庄、学校、工矿区等红线 1 千米范围内（除禁养区外）划为限养区。

● 可养区区划范围

远离城镇、村庄、河流、主要干道的山区，附近有林地、茶园、果园、菜园等需肥基地的划为可养区。

6.2.3.1 生猪产业

重点围绕罗坊沼气站 20~30 千米为核心建设优质生猪养殖基地，以罗坊镇为中心，向周边辐射发展生猪产业基地、蛋鸡产业基地、肉牛生产基地等（图6-2）。

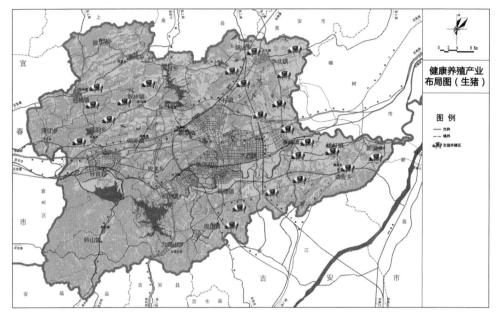

图 6-2　新余市健康养殖产业布局图（生猪）

6.2.3.2　水产养殖产业

渝水区袁河流域和分宜县北部水禽优势产业带：依托粮食主产区，重点建设渝水区南安乡、新溪乡、姚圩镇、分宜县杨桥镇、高岗乡、操场乡、洋江乡等水产养殖基地，继续发展"一村一品"和"一条鱼一个产业"，在布局上形成"一个基地、一个示范片、三个养殖区"发展格局。

一个基地，即仙女湖商品鱼生产基地，重点发展"会仙"品牌有机鳙鱼。

一个示范片，指高产养殖示范片，重点发展鳜鱼、小龙虾、锦鲤。

三个养殖区，即北部丘陵水库、池塘养殖区；中部袁河平原池塘、湖泊养殖区；南部高丘水库、湖泊养殖区。

6.2.3.3　牛产业

重点打造渝水区罗坊镇、珠珊镇、分宜县湖泽镇、高新区水西镇等乡镇肉牛产业发展集中区。

新余市健康养殖产业布局（其他养殖业）见图 6-3。

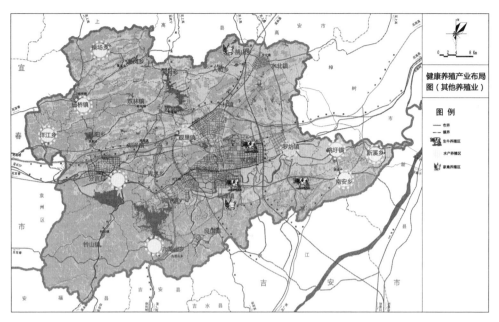

图 6-3　新余市健康养殖产业布局图（其他养殖业）

6.2.4　建设内容与规模

6.2.4.1　标准化生态养殖场（小区）建设

对畜禽养殖优势区域的生猪、肉牛、肉羊、蛋鸡和肉鸡规模养殖场（小区）及肉牛和母牛的养殖场基础设施进行标准化建设，重点抓好畜禽圈舍、水电路、青贮窖、人畜禽标准养殖档案饲养与环境控制等生产设施设备建设。建设 60 个生猪标准化养殖场（小区），50 个水产标准化养殖场（小区），5 个牛标准化养殖场，配套建设相关养殖基础设施。

6.2.4.2　养殖设施装备集聚区建设

开展畜禽养殖设施设备生产制造、设计研发、销售贸易和物流配送，创新养殖设施低碳节能、智能控制技术，满足畜禽养殖集约化、生态化和健康化的需求；配套工艺模式与装备技术创新实现生物、信息、机械、控制等技术融合，推进畜禽养殖业自动化和智能化发展。

6.2.4.3　畜禽良种繁育体系建设

在分宜县、渝水区建立 4 个种猪扩繁场，完善育种设施；重视水电道路公共设施、栏舍、防疫消毒设施等的建设；在水禽产业优势区建立水禽原种场和良种扩繁场，引进水禽良种，建立水禽孵化房，推广和繁育优良水禽品种；建设地方肉牛保护厂和保护区，在重点区域建立和完善品种改良网点，提高良种覆盖率。

6.2.4.4 畜禽养殖业污染治理工程设施建设

对现有的规模养殖场通过粪污处理设施改造升级，达标排放。积极开展畜禽养殖标准化生产，推广雨污、粪尿、净污"三分离"技术和工艺，采用干清粪工艺，实现粪尿干湿分离，完成畜禽粪渣收储设施和场所的配套建设改造，确保实现粪污达标排放与资源化利用。重点建设50个中大型养殖场粪污治理工程，其中，建设2~3个特大型畜禽养殖场粪污集中处理工程，覆盖生猪养殖80万头。

——生猪养殖场种养一体化工程建设。建设集中型畜禽养殖场种养一体化工程10处，服务10万头生猪当量粪污处理；畜禽养殖场三改两分再利用工程10处，服务10万头生猪当量粪污处理。同时建设分散畜禽养殖密集区。分散养殖密集区粪污集中处理工程10处，服务30万头生猪当量粪污处理；异地重建标准化规模养殖场及种养一体化工程10处，服务10万头生猪当量粪污处理。

——有机肥深加工。依托新余市规模化养殖场，采用"1个有机肥加工中心+N个畜禽粪便收集无害化处理站"的建设方式，建设10处粪污集中处理利用工程，到2020年，有机肥场达10个，有机肥生产量达到100万吨。

6.2.4.5 病死畜禽无害化处理体系建设

建立市、县两级病死畜禽无害化处理体系，新建无害化处理厂房及办公生活用房、厂区道路，建设冷库，购置冷藏设备及密封车、相关无害化处理设备机械等。建设1个市级病死畜禽无害化处理中心，5个区域性无害化处理厂，对病死畜禽集中统一进行无害化处理。

6.2.5 重点项目与投资

拟建立畜禽规模化养殖基地、畜禽良种繁育体系、粪污无害化处理示范点等5个项目，预计投资90 000万元（表6-4）。

表 6-4　健康养殖业建设规划表

序号	项目名称	建设内容	建设地点	投资（万元）	建设时间（年）
1	标准化规模化养殖基地	建设 60 个生猪标准化养殖场（小区）、50 个水产标准化养殖场（小区）、5 个牛标准化养殖场，发展配套标准化生产设备、畜禽圈舍。	新余市各县（区）	30 000	2017—2020
2	畜禽良种繁育体系建设	重点建设 4 个种猪扩繁场；重点建设和完善 20 个牛改良网点，建设内容主要为改良点冻精贮存、检测以及运输、配种等设施的完善。	新余市各县（区）	5 000	2017—2020
3	病死畜禽无害化处理体系建设	建设 1 个市级病死猪无害化处理中心和 5 个区域性无害化处理厂。	罗坊、高岗、新溪等乡镇	20 000	2017—2020
4	粪污无害化处理示范点	建设 50 个中大型养殖场粪污治理工程。	新余市各县（区）	30 000	2017—2020
5	规模化畜禽污染防治整市推进工程	按照一年试点、两年推广、三年大见成效、五年全面完成的目标，着眼规模养殖场、养殖大县、制定标准、依法治理和督促检查，推进全市畜禽粪污处理和资源化工作。	新余市各县（区）	5 000	2017—2020

6.3　绿色蔬菜产业

6.3.1　发展方向

围绕科技发展，引领市场的总目标，扩大蔬菜产业化的种植面积，提高设施栽培的技术水平；加快加工型蔬菜和发展特色蔬菜——有机蔬菜、水生蔬菜和食用菌的培育推广；调整区域布局，优化品种结构和规模，突出专业化、标准化生产，全面提高蔬菜产业的市场竞争力。以销售企业、加工（冷藏）销售企业、观光农业为切入，落实订单农业，深入推进一二三产业融合。掌握"菜篮子"供给与需求情况，及时为菜农、蔬菜专业村、蔬菜企业提供市场供求信息。

6.3.2　发展目标

蔬菜播种面积稳步扩大，有机蔬菜、设施蔬菜种植不断发展，蔬菜绿色标准化水平、优良品种覆盖率不断提高，保障"菜篮子"有效供给和产品安全前提下，提高蔬菜生产效益和可持续发展能力（表6-5）。

表6-5　绿色蔬菜产业发展阶段性目标（2018—2025年）

指标	单位	2015年	2018年	2020年	2025年
蔬菜播种面积	万亩	29	30	30	30
蔬菜总产量	万吨	48	50	50	50
有机蔬菜面积	万亩	0.2	0.3	0.4	0.5
设施蔬菜面积	万亩	0.5	0.8	1	1.5
国家级蔬菜标准园	个	4	6	8	10
蔬菜绿色产品率	%	—	96	100	100
蔬菜优良品种覆盖率	%	95	96	97	98

6.3.3　产业布局

依托现有的自然条件和交通优势，重点扶持以"一环两带"（环新余中心城区保障蔬菜基地核心区；特色蔬菜基地产业带和百丈峰供港优质蔬菜基地产业带）的结构布局。重点发展双林镇青竹、钤东办、界水联盟、仰天岗港背、罗坊平塘、罗坊彭家、罗坊沙堤、南安高峰、水西加山等一批商品蔬菜种植基地（图6-4）。

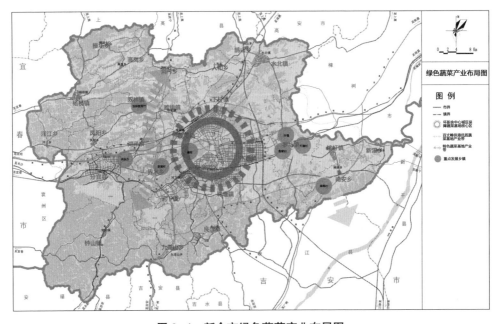

图6-4　新余市绿色蔬菜产业布局图

6.3.4 建设内容与规模

6.3.4.1 商品化生产基地建设

加强老旧露地蔬菜地的改造，修缮田间道路和灌溉水渠，加强环境治理和土壤修复；大力发展设施栽培，建设温室、大棚、防虫网和遮阳网等生产设施，推广节水灌溉技术、绿色标准化生产技术，改善蔬菜生产条件。以渝水区界水乡联盟村现有 2 000 亩有机蔬菜基地为中心，建设 5 万亩商品蔬菜生产示范基地和 1.5 亿袋的食用菌生产基地。

6.3.4.2 设施蔬菜基地建设

适度发展连栋大棚和单栋大棚设施蔬菜。集成推广测土配方施肥技术、大棚滴灌配套技术、太阳能杀虫灯、黄板诱杀技术等设施蔬菜栽培新技术。蔬菜品种以种植国内优质品种为主，国外品种为辅，如甜瓜、黄瓜、番茄、秋葵、茄子、丝瓜、苦瓜等。建设 2 万亩大棚蔬菜基地，其中改建大棚 5 000 亩，新建大棚 5 000 亩。

6.3.4.3 蔬菜标准园建设

分别在界水联盟、仰天岗港背、罗坊平塘、罗坊彭家沙堤、南安高峰等 5 个集中连片 1 000 亩以上的蔬菜基地，各建设高标准设施蔬菜标准园区 1 个，面积 1 500 亩，重点进行蔬菜新品种、新技术的示范，展示现代蔬菜产业发展成果。

6.3.4.4 科技支撑能力建设

依托科研院所的技术优势，建立市级育苗研发中心 1 个，主要承担工厂化育苗关键技术和设备的研发和试验平台任务，在设施结构类型、环境控制设备、苗期发育调控等方面为新余市提供技术成果和示范。在界水联盟、仰天岗港背、罗坊平塘、罗坊彭家沙堤、南安高峰分别建设 1 个育苗工厂，配建专业育苗温室和炼苗大棚。引进示范筛选出适合新余推广的品种和技术，加强蔬菜生产技术培训。

6.3.4.5 质量控制体系建设

完善质量检测网络，建立蔬菜全程质量追溯信息采集系统，逐步形成产地有准出制度、销地有准入制度的全程质量追溯体系。积极推行蔬菜绿色标准化生产，严格蔬菜产品质量标准和生产技术规程。

6.3.5 重点项目与投资

拟建设蔬菜标准化生产示范基地、设施蔬菜基地等 4 个重点工程，预计投资 73 500 万元（表 6–6）。

表6-6　优质高效蔬菜产业化基地建设规划表

序号	项目名称	建设内容	建设地点	投资（万元）	建设时间（年）
1	商品蔬菜生产示范基地	围绕冬季菜豆、大蒜、芋头、莲藕、麻绿笋等优质蔬菜生产板块，参照高标准农田建设要求，新建和改造5万亩商品蔬菜生产示范基地。	界水乡	10 000	2017—2020
2	绿色有机蔬菜基地建设	按照绿色、有机标准建设绿色有机蔬菜基地2 000亩。	界水联盟、仰天岗港背等4个乡镇	2 000	2017—2020
3	设施蔬菜基地建设	集成推广大棚滴灌配套技术、黄板诱杀技术等设施蔬菜栽培新技术，建设2万亩蔬菜大棚基地，其中改建大棚5 000亩，新建大棚5 000亩。	罗坊平塘、罗坊彭家沙堤、南安高峰	1 500	2017—2020
4	蔬菜工厂化育苗中心建设	建设1个育苗示范中心和5个育苗示范区，配建专业育苗温室和炼苗大棚。	新余市各县（区）	10 000	2017—2020
5	食用菌基地建设	发展食用菌1.5亿袋，配套建设年产500万袋工厂化、标准化菌棒生产基地。	分宜县发展较好的乡镇	50 000	2017—2020

6.4　特色园艺及林果产业

6.4.1　发展方向

依托新余市资源禀赋与产业发展基础，综合考虑区域总体布局、加工业分布、交通、仓储、物流、市场等因素，适度扩大规模，提高品质，增强品牌影响力；重点发展特色蜜桔、苗木、早熟梨和葡萄等林果产业。扶持林果产业龙头企业，大力推行"三品一标"认证工作，打造全产业链，培育品牌影响力；开展智慧型农业示范等信息化建设，与旅游观光、休闲采摘相结合，打造具有"三生"功能现代化特色林果产业。提高全市特色园艺及林果产业生产的现代化水平和市场知名度。

6.4.2　发展目标

　　到 2020 年，苗木花卉面积达到 20 万亩以上，苗木花卉产业产业值达 25 亿；蜜桔种植面积达到 15 万亩，产量 20 万吨，创产值 6 亿元；早熟梨种植面积 1.5 万亩，产量 1 万吨，创产值 5 000 万元；葡萄种植面积 3 万亩，产量 3.5 万吨，创产值 3 亿元。培育 3~5 个有影响力的品牌。扶持现有重点龙头企业，适当扩大企业数量与规模，在发展基础较好的区域试点信息化管理，农业信息化水平稳步提升。

6.4.3　产业布局

6.4.3.1　苗木花卉产业

　　以亚林中心和国家现代农业科技园为科技依托，以现有中心苗木花卉产业基地为辐射源，以孔目江生态经济区为核心，以重金属污染土地区域为重点，构建"三区三带"苗木花卉产业格局（三区：孔目江流域产业区，袁河和袁惠渠流域产业区，重点工矿区域产业区；三带：沪昆高速公路产业带，赣粤高速公路产业带，仙女湖大道产业带）（图 6-5）。

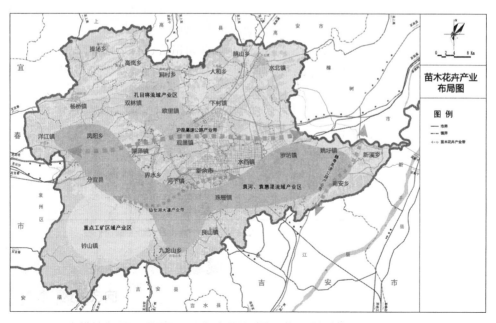

图 6-5　新余市苗木花卉产业布局图

6.4.3.2　特色柑桔产业

重点在哲划线果业带（包括姚圩、南安、罗坊南部、仙女湖环湖等乡镇）、蒙山果业带（包括水北、人和、下村、欧里、洞村、操场等乡镇）、沪瑞高速果业带（包括罗坊北、水西、观巢、湖泽、分宜镇、洋红）发展新余蜜桔产业（图6-6）。

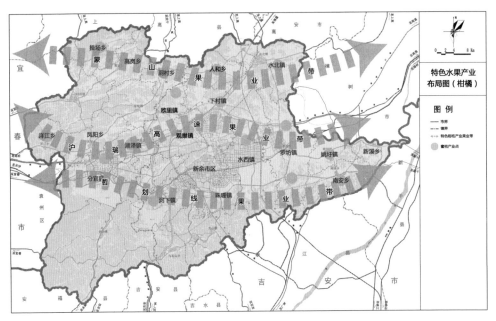

图6-6　新余市特色水果产业布局图（柑橘）

6.4.3.3　特色早熟梨产业

重点布局在渝水区、高新区和分宜县。加速发展袁河梨产业带（河下镇、水西镇、罗坊镇、姚圩镇、新溪乡）、上新公路梨产业带（下村镇、人和乡、水北镇）、分宜县环城梨产业带和一字岭果业带（图6-7）。

6.4.3.4　特色葡萄产业

重点布局在水西葡萄产业带（包括水西、珠珊等乡镇）；新欧线葡萄产业带（包括仰天岗、观巢、殴里等乡镇）；凤阳葡萄产业带（包括分宜镇凤阳、洋江）（图6-8）。

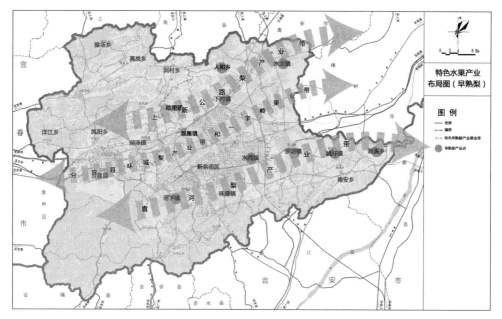

图6-7 新余市特色水果产业布局图（早熟梨）

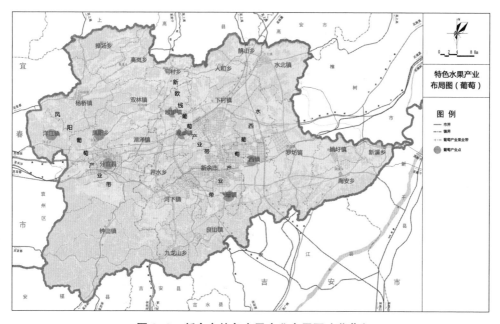

图6-8 新余市特色水果产业布局图（葡萄）

6.4.4　建设内容和规模

6.4.4.1　优质苗木花卉基地建设

孔目江流域产业区：以种植樟树、女贞、红豆杉、杨梅、香泡、红枫等观赏苗木和彩叶苗木为主，规划面积5万亩；袁河和袁惠渠流域产业区：以种植樟树、桂花、红叶石楠等常绿园林乡土树种，规划面积4万亩；重点工矿区域产业区：以种植桂花、樟树、竹柳、女贞、杜英等常绿观赏和修复土地的树种，规划种植5万亩；沪昆高速公路产业带：主要种植桂花、樟树、罗汉松等为主，打造成规模较大、品种较全的桂花基地，桂花面积3万亩；赣粤高速公路产业带：主要种植以美化、香化同时可以治理污染的茶花、枸骨造景等高端苗木为主，打造新溪－南安－姚圩－罗坊－水西百里苗木花卉走廊，规划面积2万亩；仙女湖大道产业带：主要以盆花、盆景绿化苗木花卉为主，规划面积1万亩。

6.4.4.2　特色果品产业带建设

哲划线果业带建设：打造两个集中连片的万亩新余蜜桔基地，规划新发展5万亩，总面积达10万亩；蒙山果业带建设：充分发挥蒙山的气候优势，建设生态果园，新发展面积4万亩，总面积达7万亩；沪瑞高速果业带建设：一是采用高接换种改造现有的温柑果园；二是发挥仙女湖的气候优势，建设生态果园，规划新发展面积3万亩，总面积达6万亩。

6.4.4.3　病虫害预测预报预警监测站建设

建设1个省级果树病虫害；建设21个面积千亩以上的病虫检测预警网点；建设5个果树病虫害综合治理基地，示范面积5 000亩；建设5个果树病虫害安全用药示范区；扶持发展30个病虫害专业防治组织，对果树病虫害综合防治、专业防治组织购置施药器械和防护措施等进行补贴。

6.4.5　重点项目与投资

建设新余市特色蜜桔标准化生态果园和果树病虫害综合治理基地等5个工程项目，结合健康养殖业形成生态循环产业形态，预计投资65 000万元（表6-7）。

表 6-7　优质林果产业化基地建设规划表

序号	项目名称	建设内容	建设地点	投资（万元）	建设时间（年）
1	优质苗木花卉基地	以"三区三带"为轴规模建设 20 万亩优质苗木花卉基地。	新余市各县（区）	8 000	2017—2020
2	蜜桔标准化生态果园	规模建设 10 万亩新余蜜桔生产基地，以哲划线果业带、蒙山果业带、沪瑞高速果业带为轴向各乡镇辐射发展。	新余市各县（区）	20 000	2017—2020
3	早熟梨标准化种植基地	以蒙山果业带、一字岭果业带、哲划线果业带辐射发展 2 万亩早熟梨标准化种植基地。	新余市各县（区）	10 000	2017—2020
4	葡萄标准化种植基地	水西葡萄产业带、新欧线葡萄产业带和凤阳葡萄产业带辐射发展 3 万亩葡萄标准化种植基地	新余市各县（区）	12 000	2017—2020
5	果树病虫害综合治理基地	建立 25 个面积千亩以上的病虫检测预警网点；建设 5 个果树病虫害综合治理基地，示范面积 5 000 亩。	新余市各县（区）	15 000	2017—2020

6.5　区域特色农业

新余市区域特色农业布局见图 6-9。

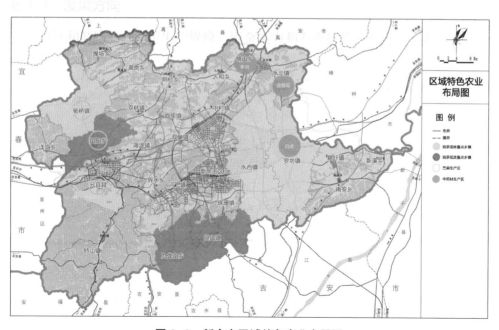

图 6-9　新余市区域特色农业布局图

6.5.1 优质苎麻产业

6.5.1.1 发展方向

以分宜县传统优势苎麻产业为基础，加快推进麻纺龙头企业资本重组，发挥苎麻品牌优势，引进相关配套企业，做大棉纺、针织、化纤等产业；依托中国（江西）国际麻纺博览会，积极搭建合作平台"筑巢引凤"，扩大麻纺产品的影响，撬动国内麻纺终端产品市场，加快提升产品知名度。

6.5.1.2 发展目标

到 2020 年，麻纺产业实现主营业务收入 150 亿元，出口达到 8 亿美元。产业规模达到纺纱 50 万锭，机织布 8 000 万米，针织布 5 000 吨，服装 6 000 万件，家纺产品 600 万件套，特色产品 100 万件，打造 5 个国内知名品牌，争创 5 个线上品牌。建设 1 个麻纺特色小镇。

6.5.1.3 产业布局

以分宜县为主要生产区，以双林 – 洞村、高岚 – 操场、分宜镇 – 凤阳 – 杨桥为三大产业区。培育并推广高产优质的苎麻品种。

6.5.1.4 发展内容与规模

（1）新品种新技术的推广应用。提高优质高产新品种的覆盖率，推广先进种植技术。提高机械化水平，特别是提高打麻机普及应用。

（2）提高苎麻利用率，提高种植效益。苎麻全身是宝，在加强麻纤维产品开发利用的同时，提高麻叶、麻骨等副产品的利用率。

（3）苎麻加工和品牌建设。提高苎麻产品的加工深度、精度，增强市场竞争力，扩大出口；建设麻纺区域品牌，推动要素集聚和价值提升。

6.5.1.5 重点项目与投资

拟建设植物染料印染布技术扩大苎麻制品出口项目等 2 个项目，预计投资 18 000 万元（表6-8）。

表 6-8　优质苎麻产业建设规划表

序号	项目名称	建设内容	建设地点	投资（万元）	建设时间（年）
1	植物染料印染布技术扩大苎麻制品出口项目	在夏布产区新增夏布织机 1 000 台，扩建夏布印染和床上用品生产线，形成年产 60 万匹印染夏布和 10 万套夏布床上用品的生产能力。	分宜县	10 000	2017—2020
2	电子商务等新型营销模式	依靠互联网和移动互联网优势，扩宽新余市营销渠道，促进新余麻纺产业的发展。	分宜县	8 000	2017—2020

6.5.2　高产油茶产业

6.5.2.1　发展方向

以市场需求为导向，合理布局全市油茶发展重点区域，合理规划产业布局，积极推广应用油茶良种、新技术，推动基地建设标准化，依托龙头企业，实行基地化发展与产业化经营有机结合，改进加工工艺，提升精深加工水平，提高产业附加值，成立油茶产业发展协会，搭建加工企业和种植户合作共赢的桥梁，保障农民利益，促进企业发展，带动广大农民增收致富，提高茶油产量和品质，增强产品市场竞争力，努力实现油茶高产、优质、高效。

6.5.2.2　发展目标

到 2020 年，高产油茶林面积达到 23 万亩，实际新增 4.95 万亩，油茶林改造 10 万亩，新增良种采穗圃 3 个，新增良种基地 2 个，建设栽培示范园 11 个、低改示范园 6 个、研发推广中心 1 个、推广服务中心 4 个。

6.5.2.3　产业布局

以渝水区、高新区、分宜县为全市油茶造林重点发展县，其中罗坊、水西、杨桥等为重点乡镇；渝水区、仙女湖区、分宜县为全市油茶低改重点县，九龙、良山、凤阳等为重点乡镇；分宜县依托亚林中心技术力量大力开展油茶新品种研发推广，渝水区立足工业区规划和油茶资源开展油茶精深加工。

6.5.2.4　发展内容与规模

（1）高产栽培标准化示范园建设。依托国家现代农业综合开发林业项目和油茶示范县建设项目，在油茶产业重点发展区通过新造和低产林改造建立油茶高产示范基地，为新余市油茶产业发展探索路子、积累经验、创建模式，同时，大力推广应用油茶新品种、新技术、新标准、新模式，充分发挥典型示范作用。规划期内，全市重点建设10个高产栽培示范基地，面积5万亩，低改示范园6个。

（2）良种繁育体系建设。发展油茶产业，种苗是根本、关键和保障。油茶遗传品质的改良和良种的推广使用，是提高油茶产量的基础和前提。规划期内新增良种采穗圃3个，新增良种基地2个。加强良种选育研究工作，建设一批良种基地，通过有性育种、杂交育种、诱变育种、倍性育种等现代技术，培育出一批产量高、品质优、抗性强的油茶新品种，实现品种更新换代。

（3）油茶市场监测和监管系统建设。构建茶油市场监测与监管系统。为保障茶油终端产品的质量安全，将茶油统一纳入国家和全省食用油市场监测预警和市场监管体系，充分发挥和加强现有的质量检验检测机构的作用，在油茶主要产区建立茶油质量检验检测机构，健全加工企业自检、送检，质监部门抽检制度，严把住产品出厂关，同时建立相应的信息发布制度。

6.5.2.5 重点项目与投资

规划建设高产油茶标准化示范园、油茶良种繁育体系等2个工程，预计投资7 500万元（表6-9）。

表6-9 高产油茶产业建设规划表

序号	项目名称	建设内容	建设地点	投资（万元）	建设时间（年）
1	高产油茶标准化示范园建设	重点建设10个高产栽培示范基地，面积5万亩，低改示范园6个。	罗坊、凤阳等5个乡镇	6 000	2017—2020
2	油茶良种繁育体系建设	新增良种采穗圃3个，新增良种基地2个。培育出一批产量高、品质优、抗性强的油茶新品种，实现品种更新换代。	罗坊、凤阳等5个乡镇	1 500	2017—2020

6.5.3 中药材产业

6.5.3.1 发展方向

在巩固传统中药材种植面积的基础上，引进推广具有广阔市场前景的新药材品种。加快建设中药材种植基地，发展壮大药材加工产业，延伸产业链，提高附加值。主要种植夏枯草、玉竹、射干、枳壳、吴萸等 18 个品种，并重点扶持金银花和白术二大中药材的开发经营。

6.5.3.2 发展目标

到 2020 年，新余市中药材种植面积达 5 万亩，其中连片百亩基地种植面积 1 万亩。

6.5.3.3 产业布局

金银花主要分布在水北镇；白术主要分布在罗坊镇；车前主要分布在鸪山乡。

6.5.3.4 建设重点

（1）新技术推广应用。引进中药材种植技术人才，推广先进的种植技术，提高产量和品质。

（2）中药材质量保障体系建设。全部实行无害化生产，严格按照绿色和有机的生产要求，加强检测和质量监管。

（3）发展中药材加工业。引进和建设一到二个中药材加工企业，延伸产业链，提高生产效益。

6.5.3.5 重点项目和投资

建设连片百亩中药材种植基地等 2 个项目，预计投资 13 000 万元（表 6-10）。

表 6-10 中药材产业化基地建设规划表

序号	项目名称	建设内容	建设地点	投资（万元）	建设时间（年）
1	连片百亩中药材种植基地	建设连片百亩中药材种植基地 6~8 个，面积 10 万亩。	新余市各县（区）	10 000	2017—2020
2	中药材质量保障体系	建立新余市中药材质量保障体系，加强对中药材的检测和质监。	新余市各县（区）	3 000	2017—2020

6.6 农产品加工与物流业

6.6.1 发展方向

结合优势特色农产品区域和现代农业示范区布局规划，对农产品加工业整体以及加工园区进行科学合理的布局,建设"生产+加工+科技"的现代农业产业园,发挥技术集成、产业融合、创业平台、核心辐射等功能作用。引导产业向重点功能区和产业园区集聚,着重抓好优质农产品生产基地和品牌建设。引导加工企业向主产区、优势产区、产业园区集中,在优势农产品产地打造食品加工产业集群。

6.6.2 发展目标

面向国内国际两个市场,推动农产品加工物流产业转型升级,龙头加工物流企业数量和规模不断壮大,技术创新能力不断提升,带动能力不断增强,农业生产结构更加优化,适度规模化农业产业园区。通过建立物流系统,加快新余市农产品物流业发展,巩固提升农产品加工物流业战略性支柱产业地位,从而加快新余市的经济转型。

力争到2020年,国家级龙头企业达3家,省级龙头企业达55家,市级龙头企业达180家,龙头企业年销售收入达到200亿元以上,农产品加工转化率达到70%。

6.6.3 产业布局

新余市农产品加工与物流产业分布见图6-10。

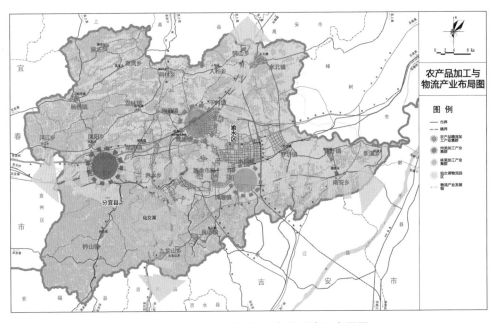

图6-10 新余市农产品加工与物流产业布局图

6.6.3.1　农产品加工业

　　立足新余市现有的总体农产品加工产业布局，全力发展粮食生产加工、生猪养殖屠宰加工、苎麻夏布深加工、新余蜜桔四大具有明显地域特征的加工产业。建设以渝水区主要分布点的农产品精深加工产业集群；建设以分宜县为主要分布点的肉类加工产业集群；建设以渝水区为主要分布点的林果加工产业集群。逐步提高新余市农产品加工转化能力，延长产业链，提高产品附加值，促进农业增效、农民增收、农产品竞争力增强。

6.6.3.2　农产品物流业

　　抓好仙女湖中心物流园区为主体的物流园区，采取"一心、两轴、四片、多组团发展"（"一心"：指位于园区中部，仙女湖大道北侧，为园区物流活动提供企业办公、市场交易、商品展示、信息咨询、人才培训等多种服务的核心发展片区。"两轴"：一条为结合规划排洪形成的贯穿园区南北的空间和景观发展轴线；一条为依托仙女湖大道形成的东西向交通和景观发展轴线。"四片"：指围绕核心发展片区，由两条发展轴分割而成的四个物流片区。"多组团发展"：为便于园区管理，规划按性质将四大物流片区划分为多个小组团，其中仙女湖大道以北两个片区分为一个生活居住组团、一个综合服务组团和三个物流组团；仙女湖大道以南两个片区分为一个生活居住组团、一个服务组团和五个物流组团）的规划结构，结合农业产业龙头企业、农产品批发市场、农业专业合作社、农产品行业协会等农产品流通主体，构建现代农产品物流贸易中心，发展"互联网＋农产品流通"新型流通模式，通过"线上"和"线下"双向走路、相互支撑。

6.6.4　建设重点

　　充分利用新余市资源和产业优势，重点发展粮油加工、畜禽产品加工、果蔬加工、纺织加工、林特产品加工、现代农业物流体系。

6.6.4.1　粮油加工

　　大力发展以水稻、薯类、大豆为主的精深加工，开发具有良好市场前景的发芽糙米、留胚米、蒸谷米、米糠油、稻壳可降解环保餐盒等高附加值产品；开展米饭、米线、营养强化米、营养米粉等传统大米主食品的加工技术与装备的研究开发，发展米制食品工业化生产；建设 1 个年加工 100 万吨粮食，年产值 10 亿元以上的中型加工企业和 5 家年加工 5 万吨以上，年产值 1 亿元以上的中型企业，重点建设 2 个年产精炼油 3 万吨的食用油加工项目。

6.6.4.2 畜禽产品加工

以现代畜牧产业园为龙头，通过引进先进的加工设备，改造生产工艺，完善冷链设施，进一步增强肉类制品及饲料加工能力，新建 1 条生猪加工生产线，加工能力达到 100 万头，2 条水禽屠宰加工生产线，加工能力达 1 000 万羽，1 条肉牛屠宰加工生产线，加工能力达 5 万头。全程质量控制等现代化技术，重点发展生猪、肉牛、肉鸡等畜产品冷鲜肉规模化加工、真空软包装熟肉制品和传统风味肉制品，发展保鲜奶及各种酸奶饮料，建成现代化高标准、高效益畜禽产品加工生产线。

6.6.4.3 果蔬加工

扶持发展基础好、发展前景大的果蔬加工企业，引进国内外先进的制汁、制粉等生产工艺和设备，开展蔬菜汁、果蔬复合汁、蔬菜粉等产品生产；引进国内外先进的变温压差膨化干燥、真空干燥和节能干燥等生产技术和设备，生产新型膨化蔬菜脆片及蔬菜干燥系列产品；大力开发果冻、果酱、果酒、果醋、果脆片等为主导产品的水果深加工产业，形成系列化产品。

6.6.4.4 苎麻加工

采用研发苎麻纯纺、混纺高档纱及系列产品开发的工艺技术，形成年产 500 万米纯麻布料产品标准和质量管理标准，广泛利用材料、电子、生物工程和信息等先进技术，加强嵌入式纺纱、多组份纤维复合混纺、新结构纱线加工等技术研发，推广原料精细管理、计算机自动配棉、纺纱过程质量控制、织物自动检测和分析技术，提高纺织工业产品开发、质量保证、节能降耗、清洁生产等能力，提升信息水平，打造纺织产品品牌。

6.6.4.5 绿色有机农产品加工

发展和推进绿色有机农产品初加工的产业规模化，丰富绿色有机大米、食用油、冷鲜肉、速冻肉品以及茶叶、水果等产品种类；延伸加工产业链条，开发绿色有机营养谷物、肉类、果蔬等营养休闲食品，开发具有天然、绿色、有机、安全等特质的中药材、保健食品、洗护用品和生物制剂等；提升科技创新能力，开展功能活性成分提取技术、功能成分萃取技术、活性保持技术等技术示范推广。

6.6.4.6 现代农业物流体系建设

加快推进仙女湖中心物流园区建设并发挥作用,鼓励现有传统的仓储、运输型农产品物流企业功能整合和服务延伸,积极引进第三方物流企业。强化标准化冷库、检测中心等基础设施建设,强化物流信息平台建设。增加分类、清洗、分割、包装、贴标签等流通加工设施,拓展增值服务业务。

6.6.5 重点项目与投资

拟建设绿色有机农产品加工园区、优质粮油精深加工等 7 个项目,预计投资305 000 万元(表 6–11)。

表 6–11 农产品加工与物流产业园建设规划表

序号	项目名称	建设内容	建设地点	投资(万元)	建设时间(年)
1	绿色有机农产品加工园区建设	占地 1 000 亩,建设 6 个初加工车间、12 个常温冷库,引进生产线 19 条,购买相关设备,配套建设办公、质检大楼等。	仰天岗区	40 000	2017—2020
2	优质粮油精深加工项目	建设 1 个年加工 100 万吨粮食,年产值 10 亿元以上的中型加工企业和 5 家年加工 5 万吨以上,年产值 1 亿元以上的中型企业;建设 2 个年产精炼油 3 万吨的食用油加工项目。	高新开发区	8 000	2017—2020
3	畜禽产品精深加工项目	新建 1 条生猪加工生产线,加工能力达到 100 万头;2 条水禽屠宰加工生产线,加工能力达 1 000 万羽;1 条肉牛屠宰加工生产线,加工能力达 5 万头。	渝水区	15 000	2017—2020
4	果树产业精深加工项目	开展蔬菜汁、果蔬复合汁、蔬菜粉等产品生产;开发果冻、果酱、果酒、果醋、果脆片等为主导产品的水果深加工产业。	渝水区	12 000	2017—2020

（续表）

序号	项目名称	建设内容	建设地点	投资（万元）	建设时间（年）
5	苎麻加工产业工程	采用研发苎麻纯纺、混纺高档纱及系列产品开发的工艺技术，形成年产500万米纯麻布料产品标准和质量管理标准。	分宜县	10 000	2017—2020
6	绿色有机农产品加工项目	包括绿色有机大米、食用油、冷鲜肉、速冻肉品以及茶叶、水果等产品。	渝水区	20 000	2017—2020
7	农产品加工物流中心建设	建设集交易、运输、仓储、分拨、配送、装卸搬运、包装、流通加工、信息服务、策划咨询等多种服务功能于一体，形成辐射新余市域乃至赣西地区的综合物流园区。	渝水区	200 000	2017—2020

6.7 多功能休闲农业

6.7.1 发展方向

按照"以农为本、突出特色、规范管理、政府引导、持续发展"的原则，大力发展休闲农业，拓展农业功能。重点开发园区观光型、参与体验型、休闲度假型等现代农业休闲模式；建设一批民俗农庄、民俗观光村和教育性农业公园等农业旅游重点景区，逐步形成近郊农家乐体验游、远郊乡村特色游、农业科普教育游、山区森林观光游等现代休闲农业格局。促进产业集聚发展，建设一带（新余昌坊都市休闲农业走廊）、三区（百丈峰、蒙山、大岗山生态农林观光区）两大重点工程。促进产业融合发展，通过建设一批花卉产业、果蔬产业、渔业、加工业带动型的休闲农业项目，发展创意农业，促进农业、加工业与旅游业一体化融合发展。发展智慧乡村游，提高在线营销能力。加强农村传统文化保护，合理开发农业文化遗产。促进产业品牌化发展，通过精品旅游线路打造、农业嘉年华举办、互联网＋农园节推广、特色农业旅游商品开发，打造一批有市场影响力的休闲农业产品和品牌，做响新余休闲农业品牌。促进产业向体验养生方向发展，促进休闲农业向体验农业再向健康养生农业开拓新的市场空间，在城市郊区加强市民农园，推动健康养生农业发展，形成养生植物种植、绿色果蔬生产、保健食品加工、养生药膳等一产、二产、三产相结合的产业体系。

6.7.2 发展目标

促进新余市休闲农业基础条件不断改善，形成一批特色鲜明、主题突出的旅游线路和示范点，推进休闲农业产业化发展，促进一二三产业融合发展，打造成为新余重要的休闲农业旅游目的地。

到 2020 年，打造 2 个休闲农业与乡村旅游示范县、3 个全国休闲农业示范点、10 个省级休闲农业示范点，农家乐、休闲农庄、采摘园、农业科技园超过320 个，年接待游客 500 万人次，综合收入达到 15 亿元，占新余市旅游总收入的比重达到 35%。

6.7.3 产业布局

推进一带（仙女湖 – 观巢 – 殴里 – 双林 – 洞村休闲农业带）、三区（百丈峰、蒙山、大岗山生态农林观光区）两大重点工程，进一步辐射带动全市休闲农业产业集群化、特色化和品牌化发展（图 6–11）。

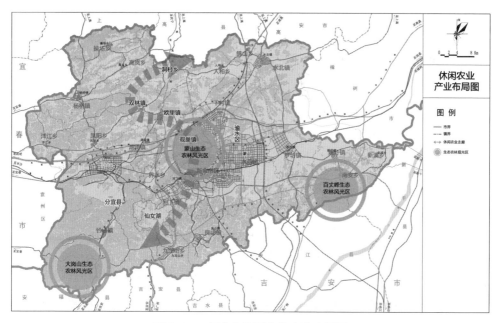

图 6–11 新余市休闲农业产业布局图

6.7.3.1 一带：新余昌坊都市休闲农业走廊

着力打造新余昌坊都市休闲农业走廊，以现代农业科技园、兰花博览园、昌坊为重点，大力培育都市休闲农业、立体生态农业园、市民农园、农业科技示范园和农业休闲度假园区等休闲农业项目。

6.7.3.2 三区：百丈峰、蒙山、大岗山生态农林观光区

一是百丈峰休闲农业区，主要以百丈峰的森林资源、七里山果业带为依托，发展体验观光和休闲旅游农业；二是蒙山特色产业休闲农业区（水北镇、鹄山乡、人和乡等），主要以蒙山森林资源、周边果业带为依托，发展观光农业和采摘休闲农业；三是大岗山生态农林观光区，发展田园农业游、园林观光游、农业科技游和务农体验游。

6.7.4 建设内容与规模

6.7.4.1 休闲农业精品旅路线打造

根据各片区休闲农业资源基础与交通区位条件，在全市重点打造三条休闲农业旅游精品线路，注重产品特色差异互补，同时充分考虑组合周边优质景区，以取得良好的市场推广效应。一是昌坊都市农业观光游线；二是环仙女湖休闲度假游线；三是百丈峰生态田园养生游线。

6.7.4.2 休闲农业品牌创建

重点发展罗坊镇荷花游、仰天岗葡萄节、特色蜜桔文化节、界水蔬菜节、分宜麻纺小镇等特色休闲农业观光景点，推动新余市休闲农业品牌创建。

6.7.4.3 休闲农业基础设施建设

新建或续建农家乐、休闲农庄、农业观光采摘园、农业科技示范园，加强休闲农业经营场所道路、水电、通信、旅游公交专线、旅游厕所等基础设施建设，完善路标指示牌、停车场、游客接待中心、垃圾污水无害化处理辅助设施，因地制宜兴建特色餐饮、住宿、购物、娱乐等配套服务设施，改善休闲农业种养基础条件，拓展科普展示、示范推广功能。

重点实施4大类带动项目，一是果品蔬菜产业带动型项目，包括采摘观光园、特色柑桔生态观光园、昌坊休闲农业。二是特色产业带动型项目，包括万亩油茶观光园、特色苎麻纺织观光园。三是水产带动型项目，包括百里休闲渔业文化长廊、垂钓园建设项目。四综合示范创意型项目，包括农业废弃物创意型项目、粮

食大地景观带、示范养生农庄、现代农业文化创意园、农耕文化园等项目。

6.7.5 重点项目和投资

拟建设现代农业科技园参观项目、百丈峰有机生态园旅游项目等 12 个项目，预计投资 283 000 万元（表 6-12）。

表 6-12 现代农业产业园建设规划表

序号	项目名称	建设内容	建设地点	投资（万元）	建设时间（年）
1	现代农业科技园参观项目	农家乐、渔家乐、葡萄酒庄、农业影视基地等。	仰天岗	30 000	2017—2020
2	百丈峰绿色有机生态农业园项目	绿色有机大米种植基地参观、旅游观光花果园、垂钓中心、农家乐客栈等。	渝水区	8 000	2017—2020
3	界水绿色有机蔬菜基地项目	依托蔬菜产业，发展绿色有机蔬菜采摘、观光等。	渝水区	8 000	2017—2020
4	特色蜜桔观光生态园项目	建设新余特色蜜桔采摘区、游园区。	新余市各县（区）	12 000	2017—2020
5	万亩油茶观光园	依托生态油茶产业园，开发茶园休闲观光、高空滑翔、攀岩等项目，打造现代生态农业旅游景点。	渝水区	20 000	2017—2020
6	垂钓园项目建设	建设休闲垂钓接待服务中心与主题餐馆、专业化垂钓基地、渔业加工工艺及相关观鱼等娱乐设施。	昌坊村	5 000	2017—2020
7	现代农业文化创意产业园	建设 5 个现代农业文化创意示范区，建设智能温室，设计不同格式和功能的绿植墙，开展盆景艺术展示，定期开展盆景艺术展。建设田园写生区、田园雕塑等田园艺术展区。	新余市各县（区）	20 000	2017—2020
8	夏布刺绣文化创意产业园	打造夏布工艺村、夏布艺术馆、古布今韵坊、夏布主题客栈、苎麻种植园等项目。形成以夏布产业带动旅游，以旅游推动商贸发展，以夏布文化提升区域品质。	分宜县双林镇	30 000	2017—2020

序号	项目名称	建设内容	建设地点	投资（万元）	建设时间（年）
9	花且生态旅游村	利用狮子口水库良好的生态环境及花且村淳朴的原乡风情，打造集农业生产交易、乡村旅游休闲度假、田园娱乐体验、田园生态享乐居住为核心的生态休闲度假村。	马洪办事处鲇口村委花且村	35 000	2017—2020
10	天工开物风情小镇	依托钤阳湖西岸风光，挖掘分宜老电厂、南京明城墙砖官窑遗址及3 000多亩连片的光伏电站等工业旅游资源，打造以新余工业旅游为特色的天工开物风情小镇。	钤阳湖西部沿湖	35 000	2017—2020
11	农耕文化园	建设4个农耕文化园，重点建设乡村文化广场、农耕文化院、乡村艺术走廊等内容。	仙女湖区、渝水区、分宜县、高新区发展基础较好的乡镇	50 000	2017—2020
12	仙女湖生态休闲农业园	采摘果园、休闲农庄、度假山庄、农家乐、现代农业示范园区和乡村特色休闲游等为主要特点的多种休闲农业发展模式。	仙女湖区	30 000	2017—2020

6.8 生态循环农业

6.8.1 发展方向

摈弃传统的拼资源、拼消耗的农业发展方式，坚持市场导向，尊重自然规律，按照"资源－农产品－农业废弃物－再生资源"的反馈流程组织农业生产，着力优化种养业结构，根据资源承载力和农业废弃物消纳半径，合理布局规模化养殖场。努力实现"一控两减三基本"，即严格控制农业用水总量，把化肥、农药施用总量逐步减下来，实现畜禽粪便、农作物秸秆、废旧农膜基本资源化利用和无害化处理，建立农业资源环境保护与治理长效机制，促进农业发展向资源节约型、环境友好型、生态保育型转变。

发挥以罗坊循环农业示范园、中田农业科技有限公司为龙头在循环农业中的作用，鼓励种植业、畜禽养殖和水产养殖农户之间的合作，支持种养加结合型综合体发展。支持粮改饲和种养结合型循环农业试点，建设现代饲草料产业体系，促进粮食、经济作物、饲草料三元种植结构协调发展，以农村沼气建设为纽带，推进畜禽粪便循环利用，因地制宜推广"稻鱼共生"、"猪沼果（蔬）"、林下经济等循环农业模式，打造粮油转化等农产品加工全产业链，推动粮经饲统筹、农林牧渔结合、种养加一体型生态循环农业。

6.8.2 发展目标

到 2020 年，农业种养结构进一步优化，种养业耦合及农产品副产品利用水平进一步提升，形成一批高效生态种养加循环利用模式，壮大一批种养加循环农业经营综合体，基本实现区域内农业资源循环利用。

6.8.3 建设重点

6.8.3.1 以罗坊循环农业示范园建设为纽带，推进畜禽粪便循环利用

按照循环经济的理念，把沼气建设与种植业和养殖业发展紧密结合，形成以户用沼气为纽带的"猪沼果（蔬）"等畜禽粪便循环利用模式和以规模化畜禽养殖场沼气工程为纽带的循环农业模式，实现种植业、养殖业和沼气产业的循环发展。年处理各类养殖废弃物 40 万吨，相当于年出栏 60 万头生猪产生的废弃物（包括粪污、废水和病死猪），彻底解决渝水区东部 7 个乡镇的养殖粪污问题；粪污处理后可年产生沼气发电 2 000 万度；沼液沼渣支撑商品肥用于生态农业种植，可制成各类固态有机肥 3 万吨，高端液态肥 4 万吨，可为 10 万亩农田提供有机肥，减少化肥和农药的用量。

6.8.3.2 种养结合循环农业试点

选取具有一定实力的龙头企业、农民合作社、家庭农场、种养大户等新型经营主体，开展区域生态循环农业示范项目，建设种养结合农田消纳基地、畜禽养殖废弃物处理、秸秆综合利用等设施。选取 200 个新型经营主体，开展种养结合型试点示范，探索实施"猪－沼－果"、"猪－沼－粮"、"猪－沼－菜"、"猪－沼－蔬"、"林－草－鸡"、"稻鱼（螺、蟹、泥鳅）"等立体、循环、生态高效生

态种养模式。鼓励种植业、畜禽养殖和水产养殖农户之间合作。

6.8.3.3 农产品加工副产品综合利用示范

充分利用现代生物、膜分离、超界萃取等技术，引导企业和产业园区对加工副产物和农林剩余物"吃干榨尽"，对终极废弃物进行无害化处理。选择 10 余家企业开展秸秆生物腐化有机肥及过腹还田，配套购置有机肥生产设备、秸秆收集处理设备、秸秆青贮设施设备及相关设施等。开展稻壳米糠、外果及皮渣、畜禽骨血等农产品加工副产品综合利用技术工程示范，重点引进农副产品加工处理设备，配套建设农副产品加工厂房等基础设施。

6.8.3.4 粮改饲及草山草坡利用示范

按照"以养定种"的要求，以草食畜牧业发展为载体，积极发展青贮秸秆，引导带动秸秆循环利用和转化增值，促进秸秆资源就地利用。拓展优质牧草发展空间，合理利用"四荒地"、退耕地、草山草坡，种植优质牧草。在平原粮食主产乡镇建设高效饲料水稻基地 5 万亩，在山区建设草山草坡饲草料基地 2 万亩。

6.8.4 重点项目与投资

实施规模化沼气工程、区域生态循环农业示范、种养结合型循环农业示范工程、农产品加工副产品综合利用提升工程、草食畜牧业饲草料基地建设等五大工程，预计总投资 111 000 万元（表6-13）。

表6-13 生态循环三产融合型农业重点建设项目规划表

序号	项目名称	建设内容	建设地点	投资（万元）	建设时间（年）
1	规模化沼气工程	沼气建设与种植业和养殖业发展紧密结合，形成以户用沼气为纽带的"猪沼果（蔬）"等畜禽粪便循环利用模式。	罗坊等乡镇	30 000	2017—2020
2	区域生态循环农业示范项目	建设种养结合型农田消纳基地、畜禽养殖废弃物处理、秸秆综合利用等，单个生态循环农业基地达到 1 万亩以上。	新余市各县（区）	15 000	2017—2020

（续表）

序号	项目名称	建设内容	建设地点	投资（万元）	建设时间（年）
3	种养结合型循环农业示范工程	支持 200 个新型经营主体等开展种养结合型循环农业试点。	新余市各县（区）	30 000	2017—2020
4	农产品加工副产品综合利用提升工程	选择 10 余家企业开展在秸秆生物腐化有机肥及过腹还田、稻壳米糠、外果及皮渣、畜禽骨血等环节开展试点。	新余市各县（区）	16 000	2017—2020
5	草食畜牧业饲草料基地建设	在平原粮食主产乡镇建设高效饲料水稻基地 5 万亩，在山区建设草山草坡饲草料基地 2 万亩。	新余市各县（区）	20 000	2017—2020
6	孔目江农业科技示范园	建成集"三新"农业、特色花卉、苗木种植、良种苗木繁育、高新农业产业孵化研发、商务博览、现代农业观光、乡村文化休闲等产业形态于一体；集农业科技培训与科普、农业高新技术研究、农业高新技术产品转化等功能于一体的综合性试验示范基地。以科技农业、示范农业和休闲旅游观光为主要功能，建成省内领先的现代农业科技示范园。	渝水区	22 000	2017—2020
7	凤阳高效生态农牧示范园	以浩森东方高效生态农牧示范园为核心，结合规划中的凤阳农业废弃物处理中心，创建具有高产、高效可持续发展的高科技农牧结合生态示范园，带动周边种养业健康快速发展，推进区域农业规模化、集约化、产业化和现代化进程。	分宜县	15 000	2017—2020

（续表）

序号	项目名称	建设内容	建设地点	投资（万元）	建设时间（年）
8	绿色农业嘉年华	以循环农业科技示范展示、发展模式展示等为基础，融入新余文化特色，发展农旅融合综合体。	罗坊镇	15 000	2017—2020

7 农业生态环境可持续发展建设

2015 年中央 1 号文件就"加强农业生态治理"做出专门部署，强调要加强农业面源污染治理，推动循环农业发展，努力实现"一控两减三基本"，即严格控制农业用水总量，把化肥、农药施用总量逐步减下来，实现畜禽粪便、农作物秸秆、废旧农膜基本资源化利用和无害化处理，建立农业资源环境保护与治理长效机制，促进农业发展向资源节约型、环境友好型、生态保育型转变。加强新余市农业生态环境建设，是促进新余市农业发展的现实需求，是新余市一二三产业融合发展的重要内涵，是促进新余市现代农业可持续发展的必然选择。

7.1 节水高效利用

7.1.1 发展方向

新余市农田水利基本建设投资不断增加，小型农田水利改造升级得到一定程度的改善，新时期农田水利建设需要进一步巩固完善水利综合项目建设，继续加大资金投入，着力解决灌溉设施、机耕道等"最后一千米"问题，并按照全市可持续发展要求，借鉴全省及各地改革经营，深化改革创新，着力构建水利基础设施长效管理机制，以灌排工程、小型灌区、非灌区抗旱水源工程建设为重点，加强小型农田水利、气象设施建设，提高农业抗御自然灾害的能力，以现代农田水利设施助推可持续现代农业发展，改善城乡生态环境。

以节约用水和提高水资源利用效率为核心，因地制宜推广高效节水农业技术，着力推进"工程节水、农艺节水、管理节水"。加强节水农业示范园区建设，依托孔目江、仙女湖重点水源工程，新建新余市现代农业科技园、分宜麻绿笋基地等节水灌溉工程 4 处，实施中型灌区续建配套与节水改造工程和节水灌溉增效示范工程，开展小型农田水利建设，配置工程和中小型田间配套工程建设，完善田间水利工程设施。在蔬菜集中种植区，推广滴灌、喷灌等工程节水措施，推进水肥一体化，促进工程节水。加快种植制度调整，推广深耕深松扩容改土、抗旱良种、土壤保水剂等化学制剂，促进农艺节水。推行农业水价改革，组建农民管水、用水协会，推进农业灌溉管理的统一管水用水模式，实现计划用水、科学管水，促进农艺节水。

7.1.2　发展目标

通过采取工程节水、农艺节水和管理节水措施，显著提高节水能力、降雨利用率、用水效率，控制农业用水总量，率先在江西省实现农业水利现代化。

到 2018 年，新增及恢复农田有效灌溉面积 3 万亩，年新增节水能力约 150 万立方米，高效用水技术覆盖率达到 45% 以上，灌溉水有效利用系数提高到 0.502 以上。单项节水技术覆盖率提高到 60% 左右，形成主要农作物节水栽培技术体系和模式。粮食作物水分生产率提高到 0.78 千克 / 立方米。

到 2020 年，新增及恢复农田有效灌溉面积 5 万亩，年新增节水能力 200 万立方米，单项节水技术覆盖率提高到 10% 左右，灌溉水有效利用系数提高到 0.51 以上。粮食作物水分生产率提高到 0.8 千克 / 立方米。

7.1.3　主要任务

7.1.3.1　农田节水灌溉工程建设

在新余市现代农业科技园，建设 3 万亩田间节水工程，包括渠道硬化、田间节水配备等内容。在分宜麻绿笋基地，建设 1 万亩以高效节水及精准施肥为主的喷灌、滴灌等现代的灌溉方式示范区。

7.1.3.2.农艺节水工程建设

建设深耕深松扩容改土节水技术示范基地 3 000 亩，采取深耕深松、增施有机肥（农家肥、农作物秸秆）和种植绿肥、水旱轮作等改土培肥耕作技术，逐步将水田耕作层加深到 18~20 厘米，旱土耕作层加深到 25 厘米以上。

7.1.3.3　管理节水示范工程建设

以灌溉水源、灌溉泵站、渠系等灌溉工程水文边界、行政村组为灌溉单元，组建农民管水用水协会，大力推进农业灌溉管理的统一管水用水模式，实现有计划蓄水、科学管水、节约用水。在灌溉设施较完备的水稻生产区大力推广稻田浅湿灌溉和干湿灌溉;在农田灌溉设施差的水稻生产区,大力推进稻田深蓄少免灌技术,开深沟起垄分厢,提高耕作层厚度和保水保肥性能。

7.1.4 重点项目与投资

围绕水利现代化和新农村建设,以完善提升农田水利建设、全力推进农业节水灌溉建设、改善农村水环境为重点,为新余市可持续发展提供有力的水利基础支撑和保障。具体建设项目及投资见表7-1。重点建设节水高效农业示范区等3个项目,预计总投资10 600万元。

表 7-1 节水高效利用重点建设项目规划表

序号	项目名称	建设内容	建设地点	投资(万元)	建设时间(年)
1	节水高效农业示范区项目	建设3万亩田间节水工程,包括渠道硬化、田间节水配套等;建设1万亩现代灌溉方式示范基地,推广喷灌、微灌、渗灌等现代高效节水工程技术。	新余市各县(区)	5500	2017—2020
2	深耕深松改土节水技术示范	建设示范基地3 000亩,推广深耕深松、增施有机肥、秸秆还田、种植绿肥、轮作等。	新余市各县(区)	100	2017—2020
3	农田灌溉管理节水技术示范	组建农民管水用水协会,实现统一管水,推广浅湿灌溉、干湿灌溉、深蓄少免灌。	新余市各县(区)	500	2017—2020
4	水利设施改造提升工程	大力推进以大田管道灌溉为主的高效节水灌溉工程建设,建设高效节水灌溉工程,推进城乡供水一体化建设。	渝水区、分宜县等重点县区	3500	2017—2020
5	水利工程维修养护项目	安排农田水利工程长效管护奖补资金,以行政村为单元推进农田水利工程设施日常运行管理。	新余市各县(区)	1000	2017—2020

7.2 化肥、农药减量化

7.2.1 发展方向

严格执行农业农村部《到2020年化肥使用量零增长行动方案》和《到2020年农药使用量零增长行动方案》，按照《江西省"四控一减"提质增效试点行动工作方案》，大力推进化肥减量提效、农药减量控害，探索产出高效、产品安全、资源节约、环境友好的现代农业发展之路。

——化肥减量提效。按照"控、调、改、替"的路径，控制化肥投入数量，调整化肥使用结构，改进施肥方式，推进有机肥替代化肥。大力推广测土配方施肥，推广新型肥料，优化氮、磷、钾配比。研发推广适用施肥设备，改表施、撒施为机械深施、水肥一体化、叶面喷施等精准施肥方式。通过有机肥料替代部分化肥，促进有机养分资源合理利用，提升耕地基础地力。

——农药减量控害。根据病虫害发生危害的特点和预防控制的实际，坚持综合治理、标本兼治，重点在"控、替、精、统"四个字上下功夫，即应用绿色防控技术控制病虫发生危害、高效低毒低残留农药替代高毒高残留农药、大中型高效药械替代小型低效药械，推行对症适时适量的精准科学施药，推行病虫害统防统治。同时，开展高毒农药定点经营试点，建立高毒农药可追溯体系，实施低毒农药示范补贴试点。

7.2.2 发展目标

实施化肥、农药零增长行动，初步建立资源节约型、环境友好型的科学施肥管理技术体系和病虫害可持续治理技术体系，科学施肥水平和科学用药水平明显提升，基本遏制盲目施肥和过量施肥现象，农业资源环境对农业可持续发展的支撑能力明显提高。

到2018年，施肥结构进一步优化，测土配方施肥技术覆盖率达到95%，在主要农作物上基本实现全覆盖；肥料利用率稳步提高，到2020年主要农作物肥料利用率提高到40%以上；土壤酸化趋势得到有效遏制，土壤pH平均值不降低；耕地地力稳步提升，耕地土壤有机质含量平均每年提高0.04个百分点；绿肥生产稳步恢复，绿肥种植面积平均每年增加10%；秸秆肥料化利用率逐步提高，主要农作物秸秆还田率平均每年提高 5 个百分点；有效控制病虫为害，示范区病虫为害损失率控制在 5% 以内；病虫害绿色防控覆盖率达到 30% 以上、专业化统防统治覆盖率达到 40% 以上、农药利用率达到 40% 以上，分别比 2015 年提高 10 个百分点、10 个百分点和 5 个百分点以上，高效低毒低残留农药比例明显提高。到 2020 年化学农药和化肥用量实现零增长。

7.2.3　主要任务

——测土配方施肥工程建设。加大测土配方施肥推广力度，建设土壤质量监测体系，配备相应监测设备，抓好取土化验、田间试验等基础性工作。加强测土配方施肥综合示范区建设，支持专业化、社会化配方施肥服务组织发展，引导农民平衡施肥、增施有机肥。年推广应用测土配方施肥面积达 100 万亩（指标明确），每年新增配肥终端机用户 2 000 户，每年为 10 个农民专业合作社或种粮大户服务。

——耕地质量保护与提升工程。建立 30 个耕地质量长期定位监测点，推广改土配肥新技术。以地力培肥、土壤改良、养分平衡、质量修复为主要内容，提升耕地内在质量；开展耕地质量详查，编制耕地质量保护规划，建立耕地质量评价制度和预警体系，进行土壤酸化、沙化综合治理等。

——农药减量增效工程建设。重点建设市级农药减量增效试验室、有害生物抗药性监测点和农药减量增效试验示范基地 2 000 亩；建设农药减量控害增效示范区 1 万亩、完善提高 10 个基层植保社会化服务组织，建设 10 个农药包装废弃物统一回收和集中处理点。研究改进施药器械，推广应用高效、低毒、低残留农药新品种及农药减量增效综合配套技术，全面停止使用高毒、高残留农药。

7.2.4　重点项目与投资

重点实施测土配方施肥工程、耕地质量提升与保护工程和农药减量增效工程，预计总投资 2 000 万元（表 7-2）。

表7-2　化肥、农药减量化使用重点建设项目规划表

序号	项目名称	建设内容	建设地点	投资（万元）	建设时间（年）
1	测土配方施肥工程	年推广应用测土配方施肥面积达100万亩，每年新增配肥终端机用户2 000户，每年为10个农民专业合作社或种粮大户服务。	新余市各县（区）	300	2017—2020
2	耕地质量保护与提升工程	建设30个耕地质量长期定位监测点，推广改土配肥新技术；开展全市耕地质量详查。	新余市各县（区）	1 000	2017—2020
3	农药减量增效工程	建设市级农药减量增效试验室、有害生物抗药性监测点和农药减量增效试验示范基地2 000亩；农药减量控害增效示范区1万亩，完善提高10个基层植保社会化服务组织，建设10个农药包装废弃物统一回收和集中处理点。	新余市各县（区）	700	2017—2020

7.3　农业废弃物资源化

7.3.1　发展方向

——畜禽粪便资源化利用。以减少畜禽养殖污染排放，提高粪污资源化利用为目标，坚持"农牧结合、资源利用、防治结合、分类治理"的基本原则，因地制宜开展种养一体化、三改两分再利用、养殖污水深度处理和畜禽养殖密集区废弃物集中处理等示范工程建设。将养殖业、沼气工程和周边农田、鱼塘等进行统一规划、系统安排，推进集种、养、鱼、副、加工业为一体的立体农业生态系统，实现多层次开发、废弃物循环利用。积极推广塔式发酵、槽式发酵、袋装式发酵等粪便无害化生产有机肥料的关键技术，加强对利用干粪工厂化生产有机肥的工艺研究，鼓励有条件的地区建设畜禽粪便有机肥厂。

——农作物秸秆综合利用。以提高秸秆综合利用率为目标，按照循环经济的理念，因地制宜推广应用秸秆机械化还田、食用菌培养料生产和有机肥生产、

秸秆饲料、秸秆成型燃料等秸秆综合利用技术，建设一批秸秆综合利用示范工程，有效解决突出的秸秆环境污染问题。

——农田残膜回收利用。推广应用厚度不低于 0.01 毫米地膜，加强监管，严格限制使用超薄地膜。开展地膜回收区域性示范，加快废旧地膜回收技术装备推广应用，鼓励和奖励农民回收利用农用地膜。扶持建设一批废旧地膜回收加工网点，逐步建立地膜使用、回收、再利用等环节相互衔接的农用地膜回收利用机制。试点可降解地膜。

7.3.2　发展目标

——畜禽污染防治。按照"减量化、无害化、资源化"的原则，采用过程控制与末端治理相结合的方式，切实推进畜禽粪便无害化处理与资源化利用工作，对新余市境内沿江沿河岸禁养区内的畜禽规模养殖场进行彻底搬迁，限养区内，严格控制养殖规模，实现达标排放，促进形成江西省畜禽养殖污染治理的示范样板。到 2017 年年底前，全面完成全市禁养区内畜禽养殖场的关停或搬迁，可养（限养）区畜禽规模化养殖场配套建设废弃物处理设施比例达 80% 以上。到 2018 年 6 月底前，全面完成生态化改选。按照"减量化、无害化、资源化"的原则，采用过程控制与末端治理相结合的方式，切实推进畜禽粪便无害化处理与资源化利用工作，对新余市境内沿江沿河岸禁养区内的畜禽规模养殖场进行彻底搬迁，限养区内，严格控制养殖规模，实现达标排放，形成江西省畜禽养殖污染治理的示范样板。

——秸秆资源综合利用。秸秆综合利用水平不断提升，秸秆还田、肥料化、饲料化、燃料化利用多点开花，秸秆收储运体系不断完善，建成长江中上游秸秆综合利用示范区。到 2018 年，秸秆全面禁烧，促进秸秆肥料化、能源化、基料化、饲料化，秸秆综合利用率达到 90% 以上。到 2020 年，秸秆综合利用率达到 95% 以上。建成较为完备的秸秆收集储运体系，形成布局合理、多元化、产业化综合利用格局。

——地膜回收与利用。地膜市场监管不断加强，地膜回收利用机制不断完善，地膜回收利用水平不断提高。到 2018 年，废旧农膜回收率提高到 70%。到 2020 年，废旧农膜回收率达 80% 以上。

7.3.3 主要任务

7.3.3.1 畜禽粪污综合治理

重点推广种养一体化、三改两分再利用或养殖污水深度处理模式，建设粪污集中处理利用工程 4 处，重点进行畜禽舍改造，建设堆粪池、氧化池（塘）、灌溉管（渠）道、沼气工程、消纳（处理）肥水的牧草基地等资源化利用设施。扶持"养殖 – 沼气 – 种植"、"养殖 – 水产（藕、泥鳅）– 种植 – 旅游"等生态养殖模式 6 处。积极推广塔式发酵等粪便无害化生产有机肥关键技术，建设 2 个 5 万 ~ 10 万吨规模有机肥厂；推进安全农产品生产，在果园、茶园、农田等建立 3 处有机肥使用示范基地。

——生猪养殖场种养一体化工程建设。建设集中型畜禽养殖场种养一体化工程 10 处，服务 10 万头生猪当量粪污处理；畜禽养殖场三改两分再利用工程 10 处，服务 10 万头生猪当量粪污处理。同时，建设分散养殖密集区粪污集中处理工程 10 处，服务 30 万头生猪当量粪污处理；异地重建标准化规模养殖场及种养一体化工程 10 处，服务 10 万头生猪当量粪污处理。

——沼肥利用。在农户居住区较近、秸秆资源或畜禽粪便丰富的地区，以自然村、镇为单元，发展以畜禽粪便、秸秆为原料的沼气生产，用作农户生活用能，沼渣沼液还田利用。在远离居住区、有足够农田消纳沼液且沼气发电自用或上网的地区，依托大型养殖场，发展以畜禽粪便、秸秆为原料的沼气发电，养殖场自用或并入电网，固体粪便生产有机肥，沼渣沼液还田利用。沼液田间利用工程需要配套建设适宜当地农田种植体系的沼液田间贮存罐（池）、滴灌或管灌等灌溉体系，以及用于沼液区域转运、联动利用的沼液运输车等。单体建设规模按处理年存栏 1 万头猪当量粪便配套建设沼渣沼液利用工程建设。建设地点周边 10 千米范围内有数量足够、可以获取且价格稳定的有机废弃物；与原料供应方签订协议，建立完善的原料收储运体系，并考虑原料不足时的替代方案。需与沼渣沼液还田工程相匹配的农田，鼓励社会化服务组织、新型经营主体开展沼液农田利用配套工程建设和田间配送。

——有机肥深加工。依托新余市规模化养殖场，采用"1 个有机肥加工中心 +N 个畜禽粪便收集无害化处理站"的建设方式，建设 10 处粪污集中处理利用工程，到 2020 年，有机肥场达 10 个，有机肥生产量达到 100 万吨。

——规模化生物天然气工程。发展以畜禽粪便、秸秆和农产品加工有机废弃物等为原料的规模化生物天然气工程，生产的沼气进行提纯净化，生产的生物天然气通过车用燃气、压缩天然气及并入天然气管网等方式利用，沼渣沼液加工生产高效有机肥及其他高值化产品。每个工程建设规模日产生物天然气1万立方米以上。

7.3.3.2　农作物秸秆综合利用

实施秸秆肥料化、能源化、基质化、饲料化工程，建设4个秸秆还田示范点，扶持年利用秸秆量1万吨以上的有机肥生产企业；建设4个以稻麦秸秆为主要基料的食用菌处理中心，年利用秸秆80万吨；建成年利用秸秆5万吨以上的大型饲料企业3家。

大力开展秸秆综合利用新技术应用推广，进一步提升农作物秸秆饲料化、基料化与材料化等综合利用方式的科技水平，努力提高农作物秸秆综合利用经济效益。

一是推进秸秆还田肥料化利用。以水稻秸秆肥料化利用为重点，大力推进机械化秸秆直接还田和腐熟还田，满足区域内土壤肥力和耕地质量提升需求。建设内容主要包括购置秸秆粉碎还田机、旋耕机、80马力以上拖拉机、插秧机（或钵苗摆栽机）、秸秆快速腐熟菌剂、田间植保机械等。

二是推进秸秆青贮饲料化利用。采用捡拾打捆和发酵菌剂同步添加—包膜（或先在田间包膜再运至堆贮场地）—发酵—秸秆发酵饲料—供给养殖场应用的模式，推进水稻秸秆裹包青贮饲料化利用，满足相关区域内约8.5万头牛和1万头羊的饲料需求。建设内容主要包括裹包操作场地、饲料贮存场地等设施，购置捡拾打捆机、裹包机（或打捆裹包一体机）、乳酸菌添加设备、拉运车、拖拉机、秸秆切碎机等。

三是推进水稻秸秆草编业发展。生产的秸秆草毯主要用于大棚蔬菜的覆盖、屋顶绿化、河流湖泊的生态恢复和边坡护理、高速公路铁路等边坡绿化和沙漠复绿等栽植绿色植物的基底。建设内容主要包括购置秸秆草毯生产装置、稻草草绳编织机、大棚卷帘机等，以及建设相关厂房和场地硬化等设施。

四是推进秸秆栽培基料化发展。将农作物秸秆与畜禽粪便、养殖废水进行高温好氧发酵，形成性状稳定的堆肥产物；以堆肥产物为原料，复配养分调理剂、保水剂、促根剂等，工厂化制作商品化基质成品，用于食用菌种植、作物育苗基质、园艺栽培基质等。其中，秸秆与粪便、粪水的堆肥发酵产物在基质成品中体积约占40%，其他组分如草炭、蛭石等约占60%。主要建设内容包括粉碎车间、堆肥车间、包装车间、秸秆储存棚、粪便储存池、污水储存池等设施，购置秸秆破碎机、链式破碎机、条垛翻堆机、自动包装机等设备。

五是推进秸秆块墙体日光温室利用。秸秆块墙体日光温室能够极大增加温室土地利用效率，避免对耕地土层的大面积破坏，既具有保温蓄热性，还有调控温室内空气湿度、补充温室内二氧化碳等功效。主要建设内容包括购置秸秆块成型装备、日光温室墙体材料、外墙防水材料等。

六是推进秸秆收储运体系建设。建立健全秸秆收集、储存、运输、加工及产品销售的各个环节以及相关方利益共享机制，引导秸秆收贮系统合理布局，保证各方秸秆原料的有效供给。主要建设内容包括秸秆堆放场等设施，购置秸秆打捆机、叉车、秸秆收集运输车、地磅、多瓣抓斗机、消防器材等装备。

秸秆具体利用方式及工程布点见表7-3。

表7-3 秸秆综合利用途径及工程布局

技术措施	规模	年秸秆利用量	工程布局
秸秆还田	80万亩	40万吨	新余市全市。
青贮饲料	青贮生产线3条	15万吨	以种植业和奶牛养殖均较为集中的等乡镇为主。
秸秆草编	规模化生产线5条	3万吨	在水稻种植和设施农业较为集中的等乡镇。
日光温室墙砖	生产线1条	0.5万吨	在设施农业较为集中的等乡镇。
栽培基质	生产线3条	20万吨	主要布局在生产基础较好、花卉苗木等产业较发达的等乡镇。
合计		78.5万吨	

7.3.3.3 农膜回收利用工程

引导农民采用厚度0.01毫米以上的地膜，建立地膜高效利用示范区，建设废旧地膜回收企业1个，废旧地膜回收网点5个，包括地膜原料车间、粉碎与清洗车间、造粒车间、收贮场地、仓库等设施，以及打包机、称重磅秤、农用车等配套设备。

7.3.4 重点项目与投资

实施畜禽规模养殖粪污处理等工程，预计总投资 3 900 万元（表 7-4）。

表 7-4 农业废弃物资源化利用重点建设项目规划表

序号	项目名称	建设内容	建设地点	投资（万元）	建设时间（年）
1	畜禽规模养殖粪污处理工程	建设粪污集中处理利用工程 4 处，重点进行畜禽舍改造、畜粪便收集处理系统等资源化综合利用设施。扶持生态养殖模式 6 处。	新余市各县（区）	800	2017—2020
2	畜禽粪便有机肥工程	建设粪便有机肥厂 2 个，在果园、茶园、农田等建立 3 处有机肥使用示范基地。	新余市各县（区）	300	2017—2020
3	秸秆肥料化利用工程	建设 4 个秸秆还田示范点，实施机械化还田补贴，配套建设秸秆储存、加工设备，扶持年利用 1 万吨以上秸秆有机肥生产企业。	新余市各县（区）	200	2017—2020
4	秸秆培养食用菌工程	建设 3 个以稻麦秸秆为主要基料的食用菌处理中心，添置秸秆加工设备，年利用秸秆 5 万吨。	新余市各县（区）	500	2017—2020
5	秸秆饲料化工程	建成年利用秸秆 5 万吨以上大型饲料企业 3 家。	新余市各县（区）	1500	2017—2020
6	农膜回收循环利用工程	引导农民采用厚度 0.01 毫米以上地膜，建设地膜高效利用示范区，废旧地膜回收企业 1 个，废旧地膜回收网点 5 个。	新余市各县（区）	600	2017—2020

7.4 重金属污染耕地修复

7.4.1 发展方向

按照"因地制宜、政府引导、农民自愿、收益不减"的基本原则，在新余市现有 34 个监测点数据的基础上实行分区分类修复治理，加大重金属污染耕地修复力度；强化科技攻关，优化组装重金属污染耕地修复治理新技术与新模式，逐步建立科学可行的技术支撑体系，积极探索经济有效的政策措施、运作模式和管理机制，保障粮食安全和农产品质量安全。

7.4.2 发展目标

要扎实推进重金属污染综合治理工作，推进袁河流域、孔目江源头等区域历史遗留重金属污染修复治理。

——有效控制试点区域及周边重金属污染源，确保试点区耕地不遭受新的污染。

——强化达标生产区修复治理技术措施，提升修复治理效果，较大幅度提高稻米镉含量达标率。

——完善管控专产区"四专一封闭"运行模式，积极探索镉超标稻谷转化利用途径。

7.4.3 主要任务

——切断试点区域新的污染。在开展耕地修复治理试点工作的同时，同步推进试点区域及周边污染企业的治理。一是以试点区域及周边为重点，开展重金属污染源排查，摸清污染源的类型、排污量、分布及污染治理设施等现状，建立污染源档案、关停并转及限期治理的清单。二是建立健全治污截污监管机制。由县市区政府具体负责，建立由环保、农业、国土资源等部门参与的治污截污联合监管机制，重点抓好试点区域及周边重金属污染企业的治理工作。三是制定重金属污染源治理实施方案。根据重金属污染源现状调查结果，分区分类制定治理方案和细化治理措施，截断工矿废水、粉尘、固废等污染源，防止对试点区域耕地造成新的污染；同步推进试点区域水利灌溉设施配套建设和农田灌溉用水净化处理，加强对化肥、农药、畜禽粪便等农业投入品的监管，防止重金属超标农业投入品进入农田，确保修复治理效果的巩固和提高。

——达标生产区修复治理工程。以村或乡镇为单元组建服务组织，集中实施"施用石灰、淹水灌溉、深耕改土、施用叶面肥和有机肥、种植绿肥"等修复技术措施，巩固修复治理效果；结合发展苗木花卉产业，采用植物修复技术降低土壤重金属污染水平；对部分尚未达标耕地强化修复治理措施，增施土壤调理剂（钝化剂、生物菌剂等）。

——管控专产区修复治理工程。进一步探索完善"四专一封闭"（即"专用品种、专区生产、专企收购、专仓储存、封闭运行"）模式。根据不同季节和熟期，在稻谷收获前进行稻谷临田检测。根据检测结果连片分区，对不达标的稻谷，按污染程度就近选择定点粮食收储企业专企收购、专仓储存，实行封闭运行，确保镉超标稻谷不流入口粮市场。推广应用稻草机械打捆与离田等技术，引导企业开展稻草制品、生物质炭、生物燃料、生物发电、公路保湿和温棚保温材料等综合利用技术模式示范，将污染耕地的利用与修复相结合，推进稻草离田后的无害化处理和资源化利用，探索建立污染稻田稻草移除与利用工作机制和运作模式。

——污染耕地检测与修复治理效果评价。对试点区域开展耕地和农产品超标情况"一对一"检测，进一步厘清重金属在土壤—作物系统的转移机理，构建重金属污染耕地修复治理关键技术体系，为污染耕地分区施策治理提供基础数据及技术支撑。开展耕地及农产品超标检测，建设灌溉水源监控与净水处理试点，进行信息处理与决策评价。

——创新组织实施与经营管理机制。由县市区政府负责，根据各地实际情况，研究创新技术到户、措施到田、责任到人的管理机制。提供全面的技术指导与督促，组建服务团队，以乡镇为建制，由市、县、乡镇农技人员、干部按"1+2+1+1"的方式组成，负责该单元的技术培训、工作指导、实施监理和信息反馈工作。服务团队成员须建立工作日志和田间档案。支持试点区域成立石灰施用、农田灌溉、绿肥种植、深耕改土、有机肥、叶面阻控剂和土壤调理剂施用等专业化社会服务组织，通过购买服务的形式保障各项修复治理技术措施落地。

7.4.4　重点项目与投资

重点实施重金属污染源排查、达标生产区修复治理工程和管控专产区修复治理工程，预计总投资 2 700 万元（表 7-5）。

表 7-5　重金属污染耕地修复重点建设项目规划表

序号	项目名称	建设内容	建设地点	投资（万元）	建设时间（年）
1	重金属污染耕地修复	摸清污染源的类型、排污量、分布及污染治理设施等现状，建立污染源档案、关停并转及限期治理的清单。	新余市各县（区）	1 200	2017—2020
2	达标生产区修复治理工程	以村或乡镇为单元组建服务组织，集中实施修复技术措施，巩固修复治理效果；对部分尚未达标耕地强化修复治理措施，增施土壤调理剂。	新余市各县（区）	1 000	2017—2020
3	管控专产区修复治理工程	进一步探索完善"四专一封闭"（即"专用品种、专区生产、专企收购、专仓储存、封闭运行"）模式。	新余市各县（区）	500	2017—2020

可持续发展支撑能力建设

打造农产品质量安全追溯平台、农兽药基础数据平台、重点农产品市场信息平台、新型农业经营主体信息直报平台"四平台"作为推进农业供给侧结构性改革的重要抓手，加快农业现代化建设，实现"保供给、保收入、保生态"的目标。这四个平台将用信息化手段提升现代农业管理水平，也是可持续农业发展的重要支撑。

8.1 现代农业经营主体培育体系

8.1.1 发展方向

引导和鼓励具有一定生产规模、资金实力和专业特长的农村专业大户成立家庭农场；鼓励发展农民专业合作联社，促进农业增效、农民增收、共同致富；壮大农业龙头企业，扩大农业经营规模，增强辐射带动能力；抓好优势产业和基地建设，打造坚实的农业产业化链条；加大扶持力度，优化龙头企业发展环境，激活龙头企业发展活力，引进与培育结合，重点创新发展农产品流通、精深加工、新型流通等领域龙头企业，培育壮大核心龙头企业集群。重点构建联合机制，鼓励龙头企业、合作社、家庭农场、种养大户通过品牌嫁接、资本运作、产业延伸等方式，打造"龙头企业 + 合作社 + 家庭农场（大户）"、"合作社 + 家庭农场"等联合机制，延伸产业链，发挥比较优势，实现各类主体融合发展。

8.1.2 发展目标

到 2020 年，示范性家庭农场达到 100 家，国家级示范农民合作社 12 家，省市级示范合作社 150 家，各类农业产业化经营组织带动农户数占总农户数的

50% 以上，农业生产作业主要环节基本实现社会化服务，农业生产组织化、专业化程度和劳动生产率明显提升。力争国家级龙头企业达到 3 家、培育省级龙头企业 50 家、市级龙头企业达到 150 家。围绕农业主导产业，大力发展农产品加工业，培植一批农产品精深加工龙头企业。

8.1.3 主要任务

——推进新型农民培育。在产业发展中培育职业农民，进一步规范教育培训、基地实训、认定管理等工作程序，加大力度，提升水平，每年完成新型农民培育 500 人，通过加强政策引导、资金扶持、指导服务，留下一批对农业有感情、有经验的农民，吸引一批愿意务农的年轻人，加速建设有文化、懂技术、会经营的新型职业农民队伍。

——实施新型经营主体升级。每年继续组织示范性新型经营主体申报、评选，实行动态管理。以项目为载体，采取贷款贴息、以奖代补等形式，重点支持示范性新型农业经营主体基地建设、设备更新、技术改造等项目建设。

——创新农技服务。培育多元化、多形式、多层次的农业经营性服务组织，并通过政府采购、定向委托、奖励补助等方式，引导经营性服务组织参与公益性服务，为农业生产经营提供低成本、节省劳动力、便利化、全方位的服务。

——培育壮大电商经营主体。鼓励在国内知名电商平台发展新余市优势产业专区、地方特色馆，给予相应经营主体资金奖励；对利用本地或第三方平台开展农产品销售经营，以及开设 B2C 商城的经营主体给予补助；鼓励农村电商集聚发展，鼓励网络销售农特产品，促进全市农村电商快速发展。

——夯实优势产业和特色生产基地建设。建设一批产品质量安全水平高、加工增值潜力大、与农业产业化龙头企业有效对接的农产品生产基地。鼓励农业产业化龙头企业参与生态循环农业、特色品牌农业、现代示范农业园区等项目建设，不断强化原料基地基础设施建设和产品标准化生产，切实提高农产品基地建设水平。鼓励农业产业化龙头企业通过多种方式，带动农户发展适度规模经营。支持农业产业化龙头企业带动"一村一品"、"一乡一业"生产，打造特色、优势生产基地。

——提高农业龙头企业发展活力。支持具有比较优势的龙头企业以资本运作和优势品牌为纽带，整合资源要素，开展跨区域合作。高度重视大型、高端农业项目的引进，积极引导工商资本合理投资农业，增添农业龙头企业发展动力。依托特色主导产业和区域资源优势，积极推进产品向优势企业集中，优势企业向优势区域集聚，链式组织、集群式发展。

——深入发展农产品精深加工。鼓励农业产业化龙头企业发展农产品精深加工，延长产业链，提高产品附加值。支持发展科技含量高、加工程度深、产业链条长、增值水平高的产品和产业。发挥农业龙头企业在构建低碳、生态、循环经济产业链中的作用，开展以秸秆等农林废弃物的资源化利用，大力建设节能减排、节水增效等项目，提高农产品深加工质量和水平。

——创新产品营销方式。积极引进培育大型流通龙头企业，健全农产品产销市场体系。鼓励农业龙头企业发展连锁店、直营店、配送中心、电商平台，积极实施"农超对接"、"农校对接"、"农企对接"、"连锁经营"等。支持龙头企业发展冷链物流，加大仓储、电子结算、检验检测等环节投入，加快实现生产与流通的高效衔接。

8.1.4　重点项目与投资

经营主体培育专项（含电子商务试点）投资 500 万元，主要用于新型农民培训、新型经营主体服务体系建设（表 8-1）。核心龙头企业培育安排投资 8 000万元，主要用于招商、配套政策支持、重点企业贷款贴息等方面（表 8-1）。

表 8-1　现代农业经营主体培育体系重点项目规划表

序号	项目名称	建设内容	建设地点	投资（万元）	建设时间（年）
1	经营主体培育专项（含电子商务试点）	新型农民培训、新型经营主体服务体系建设。	新余市各县（区）	500	2017—2020
2	核心龙头企业培育	用于招商、配套政策支持、重点企业贷款贴息等方面。	新余市各县（区）	8 000	2017—2020

8.2　农业生产社会化服务体系

8.2.1　发展方向

逐步创新农业社会化服务体系，大力培育多种形式的农业社会化服务组织，健全覆盖全程、综合配套、便捷高效的农业社会化服务体系，促进社会化服务从农业生产单个环节向全程生产服务转变，从小规模分散服务向大规模整建制服务转变，从资源消耗型生产方式向集约型现代农业生产方式转变。重点培育发展代耕代种代收、种苗供应、农机服务、病虫害统防统治等社会化服务组织。

8.2.2　主要任务

——发展合作化服务体系。适应新形势下农业生产发展需要，以发展村级生产服务组织为突破口，积极探索新形势下的生产管理服务体系建设，积极发展种苗供应、专业农机化服务、托管服务、植保服务、农资营销商等相结合的生产服务组织。

——培育市场化服务体系。积极引导各类农业公司进驻农业生产服务领域，通过"公司＋农户"、"公司＋基地＋农户"、"公司＋合作社＋农户"等经营模式，建立健全农业市场化服务体系。鼓励种养大户在搞好自我经营的基础上，积极为周边农户提供技术、信息等指导和种子种苗、代耕代收等服务，发挥示范带动效应。同时，鼓励引导农业产业化经营组织利用资金、技术、信息等优势，积极服务农业生产。

——政府购买服务支持农业发展。利用资金重点支持作业成本高、短期效益不明显、群众积极性不高的深耕深松、农作物秸秆还田、施用有机肥等环节，促进生态友好型农业发展；按照综合养分管理要求，支持探索畜禽粪污有效储存、收运、处理、综合利用全产业链发展的有效模式。

8.2.3　重点项目与投资

农业生产社会化服务体系建设重点项目规划见表8-2。

表 8-2　农业生产社会化服务体系建设重点项目规划表

序号	项目名称	建设内容	建设地点	投资（万元）	建设时间（年）
1	经营性农业服务组织发展项目	培育产业规模大、辐射带动力强的合作社和农业技术服务组织，开展托管和生产服务。	新余市各县（区）	500	2017—2020

8.3　农产品与环境质量安全监管体系

8.3.1　发展方向

按照发展高效、生态、安全农业和可持续发展的要求，加强农产品质量安全和农村环境保护工作。农产品质量安全工作，以健全农产品质量安全体系为重点，以提升监管能力为核心，建立覆盖全过程的农产品质量安全监管制度，整体提升全市农产品质量安全水平。农村环境保护工作，以农业废弃物资源化利用和改善农业生态环境质量为重点，通过减量化、再利用、资源化等方式，降低投入品和能源消耗，减少污染排放，提升农业可持续发展能力。

8.3.2　发展目标

到 2020 年，实现农产品质量追溯的全覆盖，全市农产品"生产有记录、产品有标识、信息可查询、流向可追踪、产品可召回、责任可追究、质量有保障"。强化农产品质量安全检测，确保农产品生产基地抽检合格率达到 96%。完成农业源化学需氧量和氨氮排放总量年度农业节能减排目标。

8.3.3　主要任务

——保障农产品质量安全。以农技推广服务体系、农业物联网监控系统、农业信息服务体系、农产品质量安全追溯体系、农作物病虫害监测体系、现代农业气象服务体系为主要内容，建立智慧农业综合服务平台；着力构建和完善农产品质量安全标准、检测、认证、风险应急和执法监管五大体系，全面提升执法监督、风险预警、监测评估、应急处置和服务指导五大能力，加强农产品质量监管，保障农产品质量安全。

——构建农产品质量安全追溯与监管体系的解决方案和农产品质量安全追

溯公共服务平台。逐步推进制度标准建设，建立产地准出与市场准入衔接机制，对生产经营过程进行精细化、信息化管理，加快推进移动互联网、物联网、二维码、无线射频识别等信息技术在生产加工和流通销售各环节的推广应用，强化上下游追溯体系对接和信息互通共享，全方位为新余市农产品品质与安全保驾护航，持续推进新余市生态精品品牌建设，打通新余市农产品线上线下营销通道。

8.3.4 重点项目与投资

农产品与环境质量监管（含农产品质量追溯试点）投资 800 万元，主要是建立农产品质量安全追溯与监管体系和打造农产品质量安全追溯公共服务平台（表 8-3）。

表 8-3 农产品与环境质量安全监管体系重点项目规划表

序号	项目名称	建设内容	建设地点	投资（万元）	建设时间（年）
1	农产品与环境质量监管（含农产品质量追溯试点）	建立农产品质量安全追溯与监管体系和打造农产品质量安全追溯公共服务平台。	新余市各县（区）	800	2017—2020

8.4 区域农业品牌建设体系

8.4.1 发展方向

坚持市场导向、企业主体、政府推动原则，建立健全新余市农产品品牌培育和发展机制；发挥生态优势，继续加强特色畜禽、果蔬等绿色有机标准化生产，夯实品牌农业建设基础；增强品牌意识，加强地方特色农产品产品品牌、企业品牌培育。

8.4.2 发展目标

要鼓励企业和农民合作社推行标准化生产，着力打造一批绿色有机农产品品牌。要以建设绿色有机农产品基地为重点，加强绿色、有机农产品和地理标志农产品认证，争创一批国家级、省级农业知名品牌，全面增强新余绿色农产品的品牌影响力。

力争到 2020 年，全市绿色有机农产品面积到达 40 万亩，全市绿色农产品品牌数达到 35 个，有机农产品品牌数达到 25 个。加快推进新余蜜桔、恩达家纺、茶油的自营出口，支持企业走出去，积极开拓东南亚、日韩等国际市场。

8.4.3 主要任务

——加快推进农业标准化生产。完善农业标准体系，实现主要产品生产技术规程全覆盖。加快标准化生产基地建设，高标准打造"三品一标"生产基地，实施农产品注册商标和地理证明商标保护工程，打造一批具有国内外影响力的优质农产品品牌；以体现优质形象为重点发展绿色食品，以强化精品培育为重点发展有机食品，以彰显地域特色为重点发展地理标志农产品。充分发挥"三品一标"产品安全、优质、生态和特色的品牌文化内涵，使其成为消费者追求的主导品牌。到 2020 年，农业标准化生产水平达到 80% 以上，三品一标认证农产品产量比重达到 30% 以上。

——培育农产品品牌创建主体。充分发挥农业龙头企业、农民专业合作社、家庭农场等新型农业经营主体在农产品品牌建设中的主体作用，引导企业提高品牌化发展意识，引进有品牌、有渠道销路的龙头企业，加大资源整合力度，建立健全扶持品牌农业企业发展的长效投融资机制，扩大品牌农产品生产规模，鼓励企业申请注册商标，争创中国驰（著）名商标、江西名牌、新余名牌产品，培育发展自主品牌，提高新余农产品品牌在省内外影响力。

——推进品牌农产品市场销售。创新品牌农产品营销方式，大力发展直销配送、农超对接、农产品电子商务等新型营销模式，实现生产、经营、消费无缝链接。鼓励农业龙头企业、农民专业合作社、家庭农场等新型农业经营主体，在省内大中城市建立专卖店，专柜专销、直供直销。

8.4.4 重点项目与投资

重点以三品一标标准化示范园（基地）项目新建和提升为基础，加大"三品一标"认证力度，开展农产品质量安全示范镇建设，全面提升质量监管能力，推动全市品牌农业发展（表 8-4）。

表8-4　区域农业品牌建设体系重点建设项目规划表

序号	项目名称	建设内容	建设地点	投资（万元）	建设时间（年）
1	农业标准化示范园（基地）升级项目	新建、扩建农业标准化示范园区30个，新增农业标准化基地20个，分别新建农产品质量安全示范园区和农产品质量安全示范镇10个、5个。	新余市各县（区）	30 000	2017—2020
2	农产品质量安全监管能力提升项目	以新余市农产品质量检测中心为龙头，加强区、镇、村、生产基地、生产企业质量安全检测站点为基础的农产品质量安全监管检测体系。农业投入品监测范围全面提升。	新余市各县（区）	800	2017—2020

8.5　科技创新集成与示范推广体系

8.5.1　发展方向

围绕构建区域生态循环、企业及园区生态循环、种养产业循环等，基于优势及特色产业发展中的科技需求，以新型经营主体经营的示范园区项目为载体，引进结合自主创新，集成推广先进资源节约型农业技术，支撑现代农业可持续发展。

8.5.1.1　技术创新

核心关键技术，包括畜禽养殖排泄物处理设施工程及关键技术，养殖废弃物集中平衡运送储藏关键技术和工程设施，作物秸秆还田及资源化关键技术，种植业养殖业清洁生产关键技术，种植业养殖业生产减投节约化关键技术，岗坡地保护性耕作技术，农业环境保护修复关键技术等。

集成组合技术，包括循环农业系统优化设计方法模型，循环农业适用模式与标准创新等。

综合评估技术，包括产品环境质量跟踪与检测技术管理系统，核算方法、市场规范、结算系统。

8.5.1.2 技术推广

建立循环农业技术体系，不断发展和创新循环农业技术，以推动循环农业技术更加成熟发展。加快与循环农业技术相关的创新研究进程；加强农业科研机构对循环农业的科研投入力度，与科研高校合作建立研创中心；完善更新农村地区循环农业建设的基础设备；积极鼓励科研机构与各高校的农业科研热情和积极性，通过农业部门、科研单位、生产经营单位互相合作，建设示范推广中心，有效地把研究成果使用到现实可持续农业建设中去。

在农业生产发展中形成资源－经济－环境的发展模式。成为江西省乃至全国市域农业科技领先的示范，并不断进行技术的创新和推进，为不同阶段不同情况的农业问题进行技术调整，成为生态农业循环模式的技术支撑模范。

8.5.2 发展目标

构建新余特色的生态循环农业发展模式，加快研发、引进、试验、推广一批生态循环农业集成技术，创建一批示范基地，到 2020 年，实施科技创新集成示范项目 20 个，科技集成应用推广对农业经济增长的贡献增长 30%。

8.5.3 主要任务

——集成推广现代生态循环农业循环发展模式。集成推广畜禽养殖排泄物资源化利用模式，推进种养配套、有机肥加工、能源化利用等畜禽排泄物资源化利用。集成推广农作物秸秆综合利用模式，推进农作物秸秆用作还田肥料、畜牧饲料、食用菌基料、生物质能料、发电燃料等资源化利用。集成推广农村沼气综合利用模式，推广养殖场自用、沼气发电等沼气多样化利用。

——集成推广现代生态循环农业先进实用技术。集成推广畜禽养殖废弃物利用与处理、沼气工程、有机液肥（沼液）精准施用等生态循环农业技术，大力推广沼液达标排放、沼液膜浓缩分离、人工湿地处理、非接触式发酵床处理等生态化生产技术。集成推广规范饲料、饲料添加剂、兽药、化肥、农药、农膜等清洁化生产技术。集成推广节水灌溉、节肥、节药、节能、节地等节约化生产技术。

——集成推广现代生态循环农业智能信息技术。充分利用现代信息技术，推进"互联网+"在现代生态循环农业发展中的运用。集成推广农业生产过程中的控湿、控温、控水、控肥、控病等智能化生产控制技术。集成推广农业可视化远程咨询、远程诊断、灾病预警等智能化远程服务技术。集成推广种植生产污染、养殖排泄物污染管控和"三沼"综合利用等智能化实时监管技术。

8.5.4 重点项目与投资

科技创新集成与推广投资 1 亿元，主要集中在科技创新集成示范项目基础设施建设、技术引进、贷款贴息等方面（表 8-5）。

表 8-5 科技创新集成与示范推广体系重点项目规划表

序号	项目名称	建设内容	建设地点	投资 （万元）	建设时间 （年）
1	科技创新集成与推广	集中在科技创新集成示范项目基础设施建设、技术引进、贷款贴息等方面。	新余市各县（区）	10 000	2017—2020

8.6 农业金融与保险服务体系

8.6.1 发展方向

要适应农村实际、农业特点、农民需求，深化农村金融改革创新，进一步满足专业大户、家庭农场、农民专业合作社和农业产业化龙头企业等新型经营主体的金融需求。加大对耕地整理、农田水利、粮棉油高产创建、畜禽水产品标准化养殖、种养业良种生产等经营项目的信贷支持。支持农业科技、现代种业、农机装备制造、设施农业、精深加工等现代农业项目和高科技农业项目。支持农产品产地批发市场、零售市场、仓储物流设施、连锁零售等服务设施建设。大力发展绿色金融，促进节水农业、循环农业和生态友好型农业发展。推广产业链金融模式，支持龙头企业依法通过兼并、重组、收购、控股等方式组建大型农业企业集团。

8.6.1.1 推动抵押担保机制

要推动组建政府出资为主、主要开展农业信贷担保业务的融资性担保机构，构建农业信贷担保服务网络。支持民营机构开展政策性农业担保业务，鼓励经营主体之间开展联户担保，增强对涉农贷款的担保能力。积极稳妥做好农村承包土地经营权抵押贷款试点工作，慎重稳妥推进农民住房财产权抵押担保贷款试点工作。推动农业机械、运输工具、长效产业园、水域滩涂养殖权、动物活体、设施大棚为标的新型抵押担保，开展农业保险保单、农产品订单、仓单、应收账款质押贷款。探索"订单＋信贷＋保险"、"新型农业经营主体＋农户等供应链金融"等融资新模式。探索农业、交通、水利、林业等部门进行法定登记及颁发证明，作为规模经营主体融资的有效质押担保证件。

8.6.1.2　扩大农业保险的广度和深度

扩大农业政策性保险覆盖面、提高保费补贴标准，积极发展商业性、互助性保险，重点提高家庭农场、专业大户、农民专业合作社参保率。创新农业保险产品，提高稻谷、小麦、玉米种植参保率，开展特色优势农产品保险试点，推进生猪、蔬菜价格保险试点，推广农房、农机具、设施农业、渔业、制种保险等业务，创新研发天气指数、农村小额信贷保证保险等新型险种。完善保费补贴政策，对设施农业、农机具、渔业养殖、制种、林果等保险保费予以补贴。

8.6.1.3　探索发展农业合作金融

按照"限于成员内部、服务产业发展、吸股不吸储、分红不分息、风险可掌控"的原则，支持和鼓励有条件的农民合作社开展信用合作，开展"合作社＋金融"的新型农村金融服务体系试点，推进金融与农业经营主体深度融合，切实解决农民合作社融资难、融资贵的问题。

8.6.1.4　建立健全农村信用体系

全面开展家庭农场、农民合作社信用评定，建立信用档案，将农户信用贷款和联保贷款机制引入农民合作社贷款领域，通过真实有效信用评估，快捷安全支付服务，流动便利要素市场，向更多农民提供多渠道、低成本基本金融服务。对信用等级高的在同等条件下实行贷款优先等激励措施，对符合条件的进行综合授信。

8.6.2　主要任务

——组建政府出资为主、重点开展涉农担保业务的融资性担保机构和担保基金，支持其他融资性担保机构为农业生产经营主体提供融资担保服务。

——成立新余市现代农业投资发展有限公司，一方面引导和集聚信贷资金和社会资金投入农业产业化项目建设，另一方面也直接投资建设相关重大项目。

——加大对新型农业经营主体贷款的财政贴息力度，建立农业保险风险基金，增加风险补偿资金规模，提高涉农贷款、保险规模。

——开展对新型农业经营主体的确认和注册登记、产权确权登记颁证等工作，与农业发展银行、邮政储蓄、农业银行、农村信用社四家涉农金融机构建立稳定的主办行关系，对口开展金融服务和信贷管理。

——与农业发展银行、邮政储蓄、农业银行、农村信用社等金融机构签订合作备忘录和金融服务计划，并列入金融机构支持地方经济发展年度考核内容，调动金融机构支持农业积极性。

8.6.3 重点项目与投资

重点实施农业产业化担保公司风险补偿项目，预计总投资 3 000 万元（表8-6）。

表 8-6 农业金融与保险服务体系项目规划表

序号	项目名称	建设内容	建设地点	投资（万元）	建设时间（年）
1	农业产业化担保公司风险补偿项目	新增注册资本金，增加融资担保能力额度，提高单个项目担保规模。	渝水区	3 000	2017—2020

9 保障措施

9.1　组织保障

　　建立健全"政府引导、市场运作、龙头带动、农民参与经营管理"的管理体制和运行机制，形成农业可持续发展的持续推动力。成立由市委、市政府主要领导及农业、发改、财政、环保、国土、城建等有关部门负责人组成农业可持续发展领导小组，切实将农业可持续发展上升到政府行为，一把手工程，进一步完善考核激励机制。领导小组负责加强对农业可持续发展发展的组织领导、指导、协调和督查，负责重大问题决策、重点项目审批以及相关政策制定等。农业可持续发展领导小组下设办公室，设在新余市农业局，负责主持新余市农业可持续发展建设的日常工作。发改部门要积极做好农业可持续发展建设项目的申报工作；财政部门要积极筹措资金，加大对发展农业可持续发展的资金支持力度；科技部门要把循环农业相关技术模式列入重大科技成果推广计划；金融部门要做好发展农业可持续发展的信贷支持工作；环保部门要配合做好秸秆禁烧、农村污染防治工作和农村垃圾处理利用等监察工作；畜牧部门要大力推广清洁养殖，从源头控制养殖污染；农机部门要大力推广引进农机新技术，提高农业机械化水平。农业农村部门作为发展农业可持续发展的牵头部门，在做好组织协调工作的同时，要抓好农村清洁能源、农业废弃物循环利用以及循环农业示范园（区）建设工作。

9.2　政策保障

　　根据新余市的实际情况，探索实践并出台促进农业可持续发展的财政、税收、金融、价格等配套政策措施，病死猪、沼气发电补贴、沼气末端用气补贴、有机肥补贴建章立制，推进新余市农业可持续良性发展。积极探索秸秆饲料化、基质化、材料化等综合利用的政策补贴机制，促进农作物秸秆资源化利用。探索建立农业生态补偿机制，对有机肥施用、病虫害绿色防控、农业废弃物回收利用等绿色生态行为实施资金补偿，明确补偿主体与对象，量化补偿标准和考核指标。引导金融资本、社会资本投向农业，扩大农业保险覆盖范围。创新投资方式，通过"以奖代补"等方式引导农民投资投劳参与项目建设，对于种养结合、农牧业废弃物资源化利用等能够落实收费机制的建设项目，在完善特许经营、政府购买服务、兜底补贴等配套措施基础上，探索推进 PPP 模式，利用社会主体参与建设与运营。

9.3　资金保障

　　根据国家、各部委、省、市等政策文件，积极争取沼气生物天然气、秸秆综合利用、畜禽粪便处理、农村环境整治、农业清洁生产等现代生态循环农业项目资金，推动新余市农业可持续发展。在投融资方面，一是要加大区财政对农业可持续发展的倾斜力度，把农业主导产业发展、农业废弃物资源循环利用等作为政府扶持的重点领域。财政要积极安排必要资金，支持农业资源循环利用、提高资源能源产出率的政策研究、技术推广、示范试点、宣传培训等，发挥好专项资金发展循环经济的引导和激励作用。二是出台金融机构优惠贷款制度，对一些重大项目，可以进行资金补助、贷款贴息等支持。三是积极扩大农业招商引资，引导金融机构和鼓励民间资本对农业可持续发展重点项目进行资金投入，鼓励和吸引外资参与农业开发、基础设施建设、农产品加工和流通。

9.4　人才保障

　　强化农业科技承包，合理优化配置技术、人才等要素，进一步充实乡（镇）、村两级农技推广队伍，努力构建农业专家、科技指导员、农户联结紧密的农技推广新机制，并围绕主导产业，重点抓好主推品种、主推技术的示范推广，着力提高新品种、新技术的覆盖率和到位率。加强科技培训体系建设，逐步建立起政府指导和市场引导相结合、公益服务和有偿服务相结合的多层次科技技能培训体系。鼓励和组织各类高级专业技术人员带着技术和项目深入基层第一线，抓核心示范区，开展巡回技术指导，切实帮助农户解决在具体生产过程中遇到的实际困难。开展农民创业、实用技术方面的培训，培养乡土人才、科技示范户，扩大培训范围，提高培训质量，努力提高农民的整体素质和产业发展能力，为实现新余市生态型现代都市农业发展提供强大的人力资源和人才支撑。

9.5　科技保障

加强与市内外科研院所、知名专家、龙头企业的技术合作，大力推进生物技术、农产品深加工等高新技术，进一步加快农业科技成果转化和新技术应用步伐，着力破解优势特色产业发展的技术"瓶颈"，实现由单纯数量型向质量效益型转变。围绕农业面源污染防治的"一控两减三基本"的重要内容，加强与农业农村部农业生态与资源保护总站、南京农业大学、中国农业大学、中国农业科学院等单位的联系，争取专项研究资金，开展新余市农业可持续发展典型技术模式研究，提出现代农业可持续发展的技术清单，并总结提炼国内外典型经验和做法，在新余市进行试点推广应用。

依托新余市农业龙头企业，与国内科研机构和重点院校共同构建农业可持续发展研发平台，建立和完善农业循环经济、低碳农业等技术标准研制专家库，努力形成产学研相结合的标准研发体系。一方面，要健全农产品质量标准体系和检验检测体系，改变品质参差不齐、无标生产、无标上市、无标流通的局面；另一方面，加强循环农业标准化技术推广队伍，实行农产品质量安全标识制度和标准认证认可制度，对能耗高、污染重的落后工艺、技术和设备实行强制性淘汰制度。同时，对全市农业可持续发展产业链技术标准研制情况进行重点跟踪，为企业参与行业标准、地方标准、国家标准和国际标准的制定提供指导和帮助。三是建立市场准入制度。加快"市有检测中心、镇有检测站、市场有检测点"的三级农产品质量检测网络建设，满足农产品从田间到市场各环节的检测需要。开展以制度为保证、技术标准为基础、日常监管与例行监管相结合、产地和产品认证为手段的农产品质量安全监督管理，严格实行农产品市场准入制度。

附件一 新余市农业可持续发展综合示范区建设研究附图

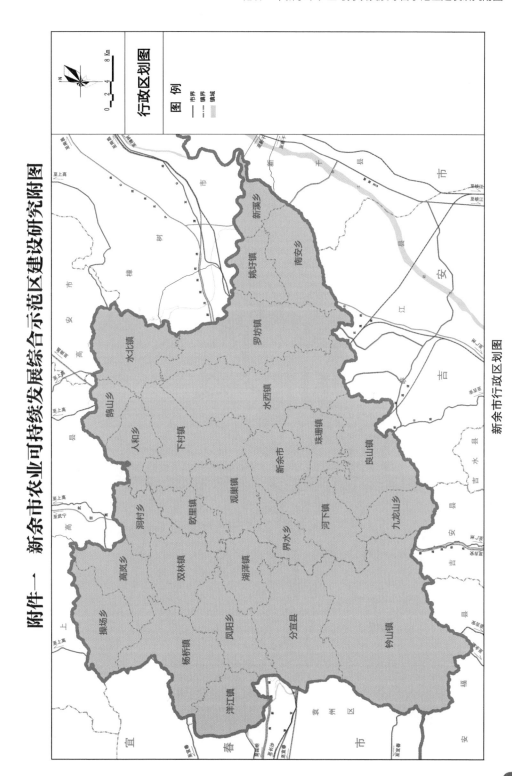

行政区划图

图 例

市界

镇界

镇域

新余市行政区划图

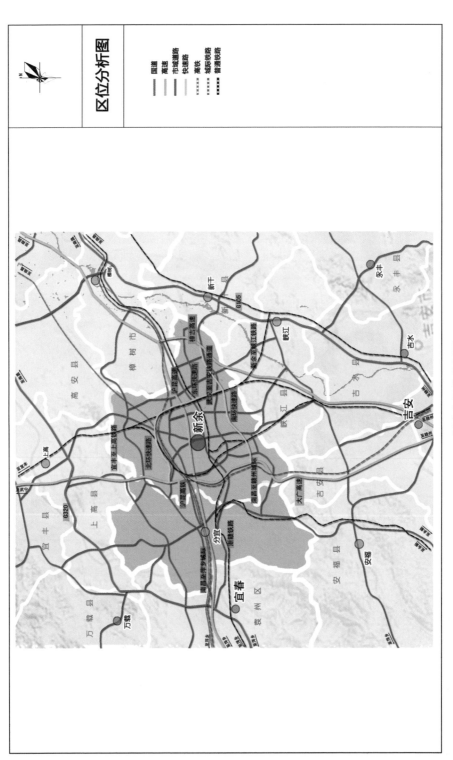

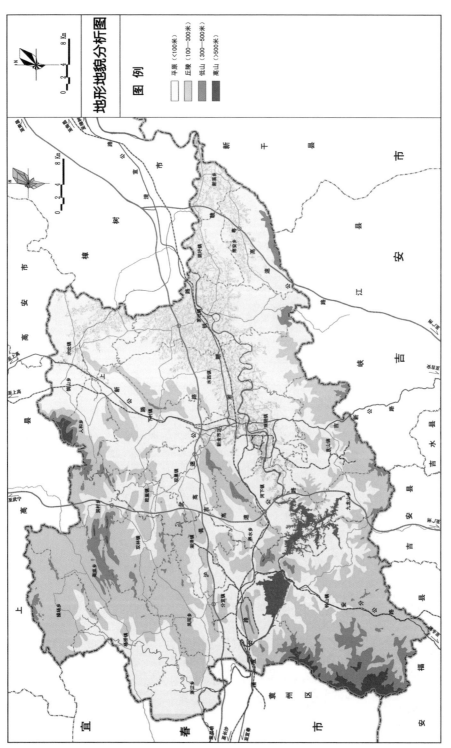

新余市地形地貌分析图

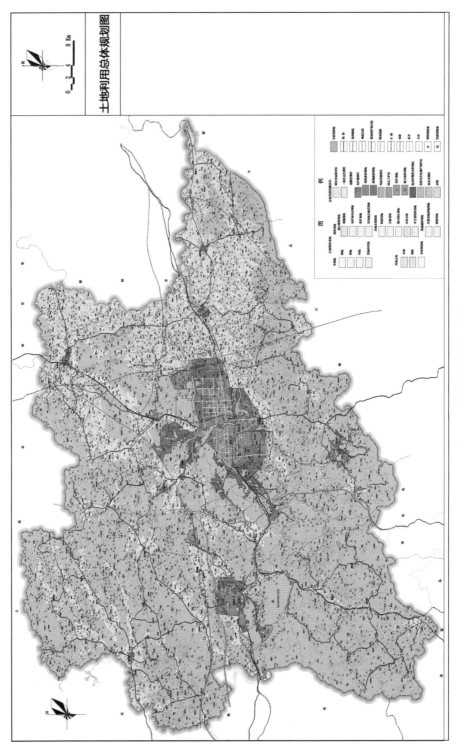

新余市土地利用总体规划图

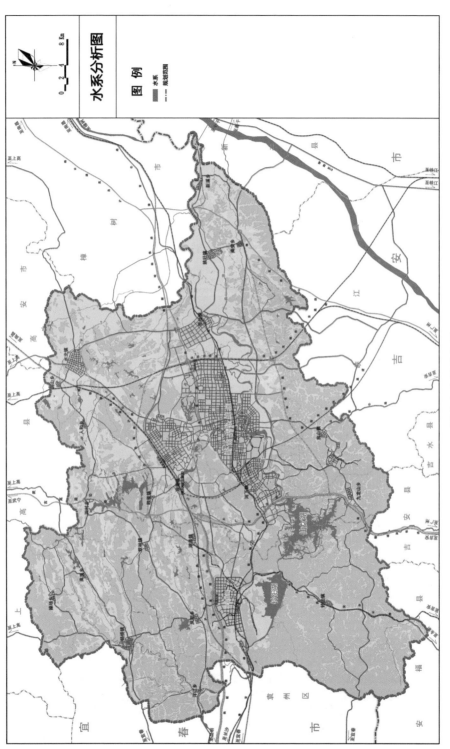

新余市水系分布图

生态保护红线规划构成图

图例

- 地级市
- 县级行政点
- 地市界
- 县界
- 水系
- 饮用水一二级保护区
- 自然保护区核心区、缓冲区
- 饮用水源保护区
- 备用及县级以下饮用水源保护区
- 水产种质资源保护区
- 重要湿地
- 五河及赣江源头保护区
- 省级以上湿地公园
- 省级以上森林公园
- 省级以上风景名胜区
- 蓄滞洪功能区
- 省级以上地质公园
- 国家、省级公益林
- 重要生态功能区

新余市生态保护红线规划构成图

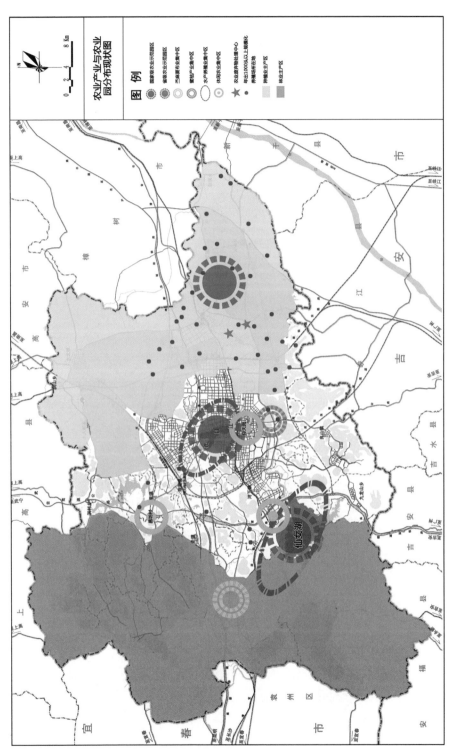

农业可持续发展综合示范区建设研究——以江西省新余市为例

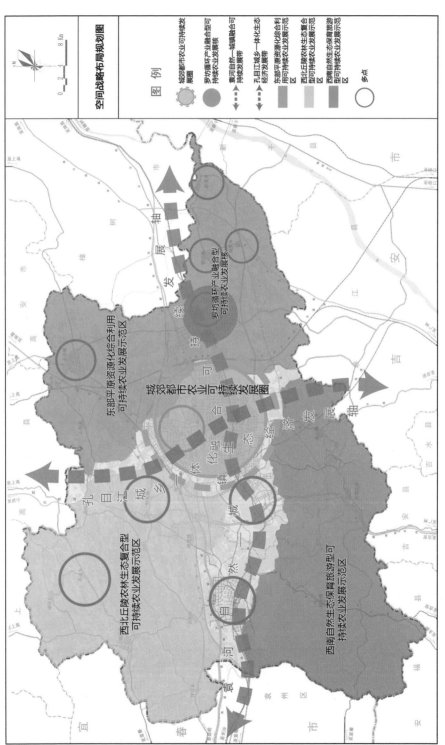

新余市空间战略布局规划图

134

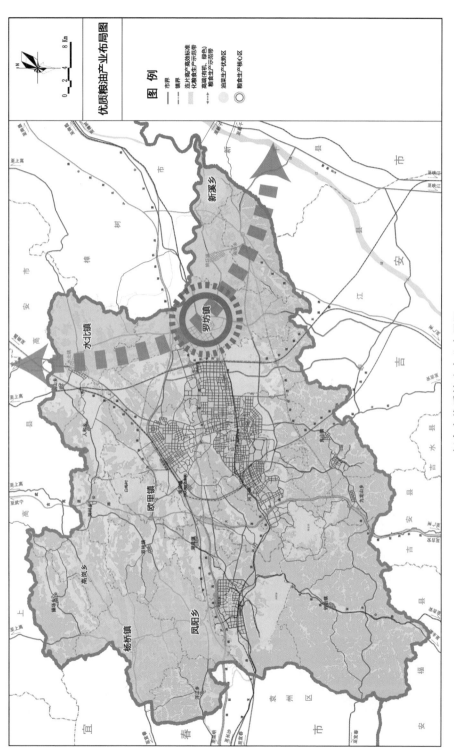

新余市优质粮油产业布局图

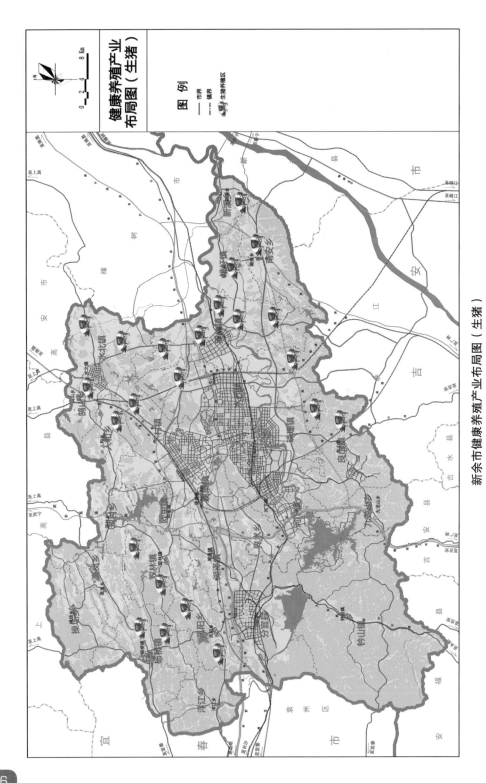

图 例

—— 市界

⋯⋯ 镇界

🐖 生猪养殖区

健康养殖产业布局图（生猪）

新余市健康养殖产业布局图（生猪）

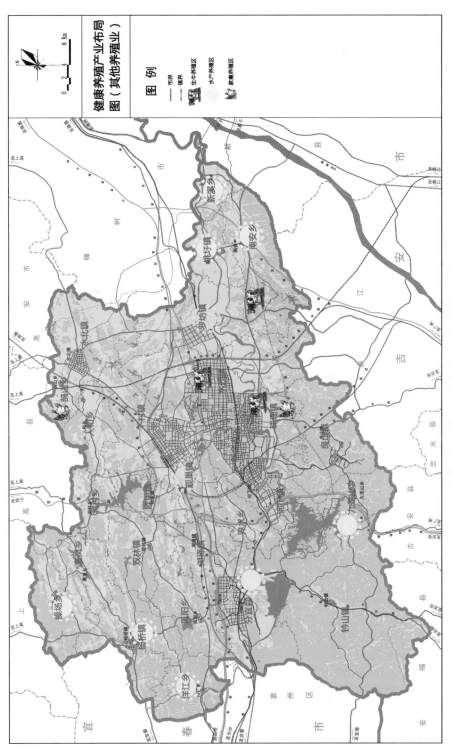

新余市健康养殖产业布局图（其他养殖业）

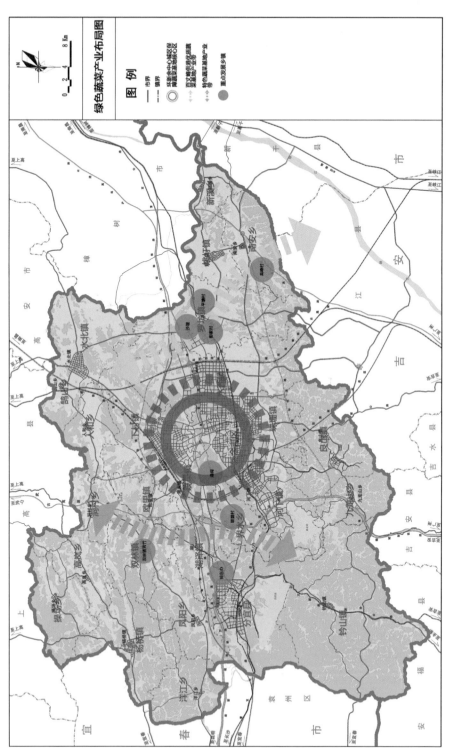

新余市绿色蔬菜产业布局图

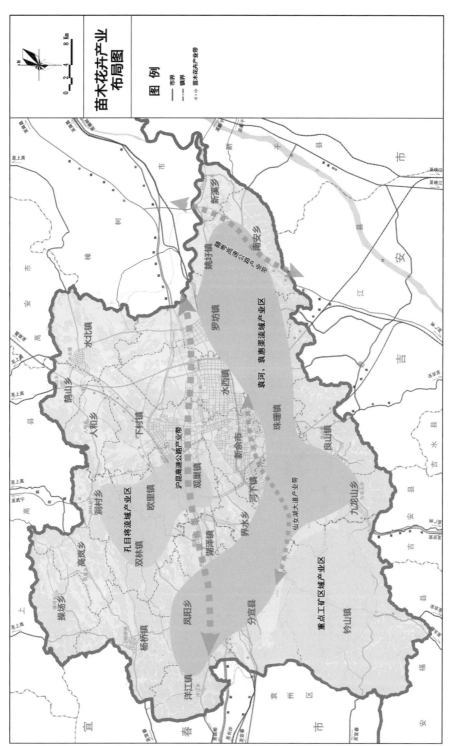

新余市苗木花卉产业布局图

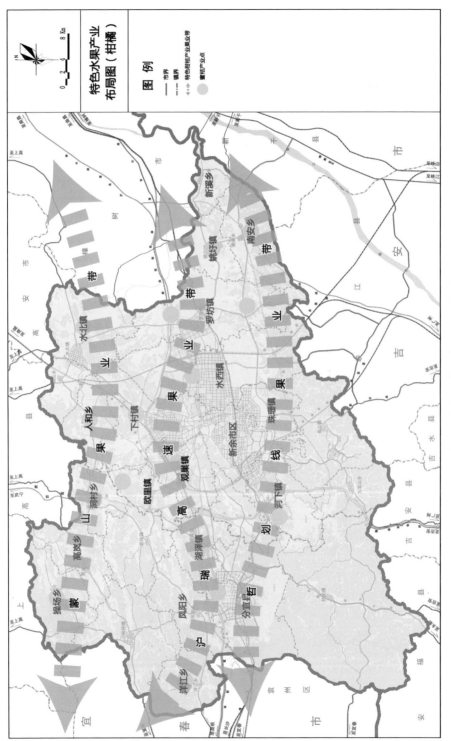

新余市特色水果产业布局图（柑橘）

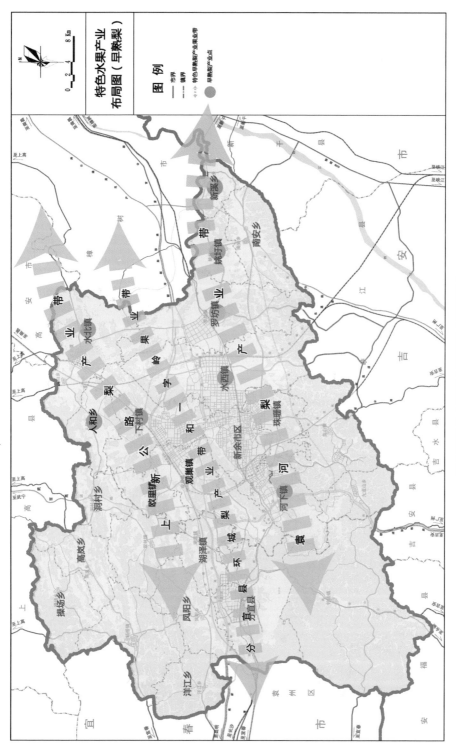

特色水果产业
布局图（早熟梨）

图 例

—— 市界
--- 镇界
◇◇◇ 特色早熟梨产业果业带
● 早熟梨产业点

新余市特色水果产业布局图（早熟梨）

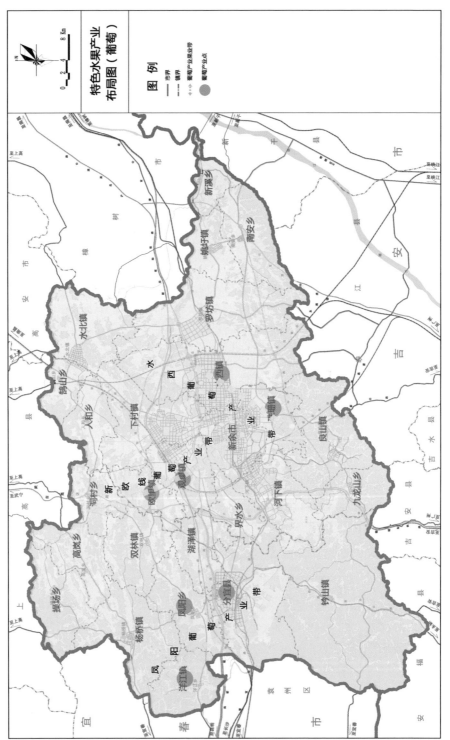

新余市特色水果产业布局图（葡萄）

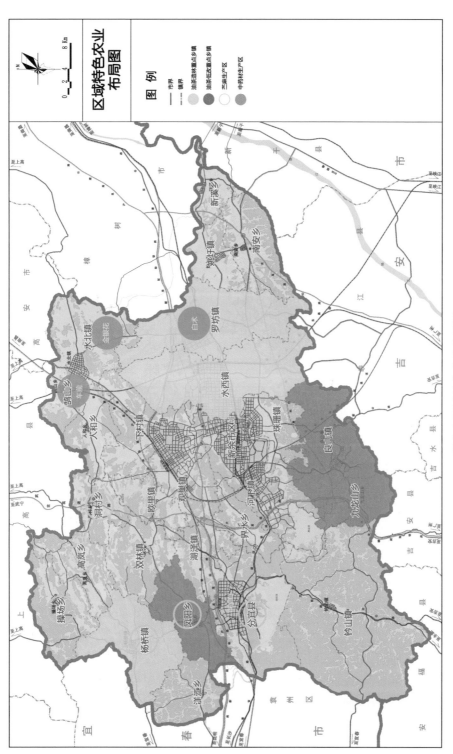

新余市区域特色农业布局图

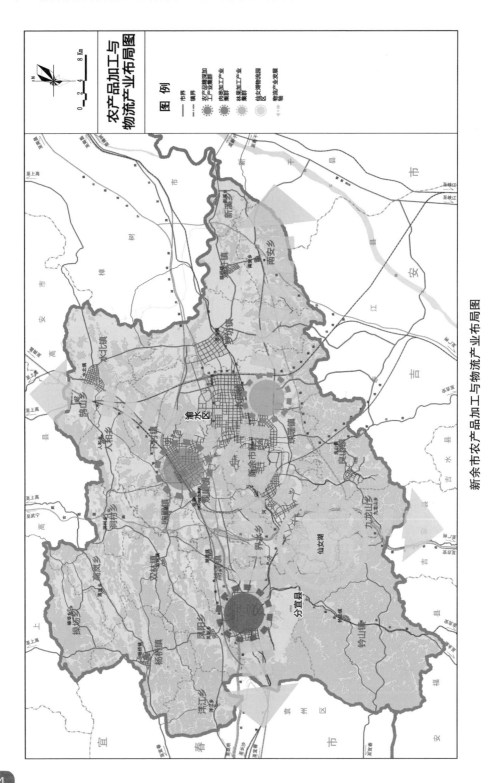

新余市农产品加工与物流产业布局图

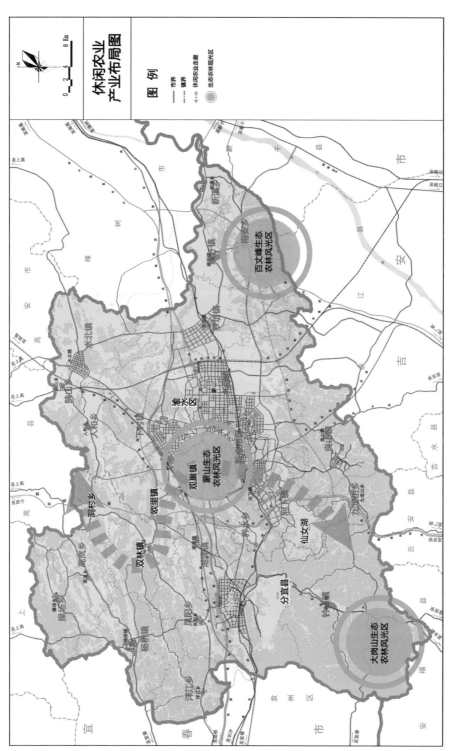

新余市休闲农业产业布局图

附件二 新余市农业可持续发展综合示范区建设项目库（表）

序号	项目名称	建设内容	建设地点	投资（万元）	建设时间（年）
	合计			1 342 800	2017—2020
一、	优质粮油产业			252 000	2017—2020
1	高标准农田建设	实施土地平整、农田水利、田间道路工程，建设旱涝保收、节水高效的高标准农田 55 万亩。	仙女湖区、渝水区、分宜县、高新区发展基础较好的乡镇	165 000	2017—2020
2	粮油良种种植示范基地建设	规范农作物种子选育，加快适宜农作物优良品种的筛选，推广良种标准化生产技术操作流程，建设 3~4 个良种种植示范基地，种植面积 10 万亩。	罗坊镇等发展基础较好的乡镇	30 000	2017—2020
3	粮油高产高效示范基地建设	高产高效优质水稻示范基地 2~3 个，10 万 ~15 万亩；高产水稻、绿色有机水稻，10 万亩；5 万亩高标准优质油菜和 4 万亩花生生产基地。开展新技术、新品种、节水示范，配备播种、收获等设施设备。	罗坊镇、姚圩镇、新溪乡等 4 个乡镇	15 000	2017—2020
4	稻田复合种养示范基地	规划建设万亩现代化立体养殖基地，方式实现稻田的生产绿色循环。	罗坊镇	12 000	2017—2020
5	农业机械化推进工程	建设水稻生产全程机械化作业示范面积 10 万亩。购置育苗、插秧、收割、播种、节水灌溉、还田机械设备，每个乡镇扶持 1~2 个农机合作社。	新余市各县（区）	30 000	2017—2020
二、	健康养殖业			90 000	2017—2020
6	标准化规模化养殖基地	建设 60 个生猪标准化养殖场（小区）、5 个牛标准化养殖场（小区）、50 个水产标准化养殖场（小区），发展配套标准化生产设备、畜禽圈舍。	新余市各县（区）	30 000	2017—2020

（续表）

序号	项目名称	建设内容	建设地点	投资（万元）	建设时间（年）
7	畜禽良种繁育体系建设	重点建设4个种猪扩繁场；重点建设和完善20个牛改良网点，建设内容主要为改良点点体系精贮存、检测以及运输，配种等设施的完善。	新余市各县（区）	5 000	2017—2020
8	病死畜禽无害化处理体系建设	建设1个市级病死猪无害化处理中心和5个区域性无害化处理厂。	罗坊、高岗、新溪等乡镇	20 000	2017—2020
9	粪污无害化处理示范点	建设50个中大型养殖场粪污治理工程。	新余市各县（区）	3 0000	2017—2020
10	规模化畜禽污染防治整市推进工程	按照一年试点，两年推广，三年大见成效，五年全面完成的目标，着眼规模养殖场，制定标准，依法治理和督促检查，推进全市畜禽粪污处理和资源化工作。	新余市各县（区）	5 000	2017—2020
三、绿色蔬菜产业				73 500	2017—2020
11	商品蔬菜生产示范基地	围绕冬季菜豆、大蒜、芋头、莲藕、麻绿笋等优质蔬菜生产板块，参照高标准农田建设要求，新建和改造5万亩商品蔬菜生产基地。	界水乡	10 000	2017—2020
12	绿色有机蔬菜基地建设	按照绿色、有机标准建设绿色有机蔬菜基地2 000亩。	界水联盟、仰天岗、港背等4个乡镇	2 000	2017—2020
13	设施蔬菜基地建设	集成推广大棚滴灌配套技术、黄板诱杀技术等设施蔬菜栽培新技术，建设2万亩蔬菜大棚基地5 000亩，其中改建大棚5 000亩，新建大棚5 000亩。	罗坊平塘、罗坊彭家沙堤、南安高峰	1 500	2017—2020
14	蔬菜工厂化育苗中心建设	建设1个育苗示范中心和5个育苗示范区，配建专业育苗温室和炼苗大棚。	新余市各县（区）	10 000	2017—2020

（续表）

序号	项目名称	建设内容	建设地点	投资（万元）	建设时间（年）
15	食用菌基地建设	发展食用菌 1.5 亿袋，配套建设年产 500 万袋工厂化、标准化菌棒生产基地。	分宜县发展较好的乡镇	50 000	2017—2020
四、优质林果产业				65 000	2017—2020
16	优质苗木花卉基地	以"三区三带"为轴规模建设 20 万亩优质苗木花卉基地。	新余市各县（区）	8 000	2017—2020
17	蜜桔标准化生态果园	规模建设 10 万亩新余蜜桔生产基地，以哲划线果业带、蒙山果业带、沪瑞高速果业带为轴向各乡镇辐射发展。	新余市各县（区）	20 000	2017—2020
18	早熟梨标准化种植基地	以蒙山果业带、一字岭果业带、哲划线果业带辐射发展 2 万亩早熟梨标准化种植基地。	新余市各县（区）	10 000	2017—2020
19	葡萄标准化种植基地	水西葡萄产业带、新欧线葡萄产业带和凤阳葡萄产业带辐射发展 3 万亩葡萄标准化种植基地。	新余市各县（区）	12 000	2017—2020
20	果树病虫害综合治理基地	建立 25 个面积千亩以上的病虫害检测预警网点；建设 5 个果树病虫害综合治理基地，示范面积 5 000 亩。	新余市各县（区）	15 000	2017—2020
五、其他特色产业				38 500	2017—2020
21	植物染料印染布技术扩大苎麻制品出口项目	在夏布产区新增夏布织机 1 000 台，扩建夏布印染和床上用品生产线，形成年产 60 万匹印染夏布和 10 万套夏布床上用品的生产能力。	分宜县	10 000	2017—2020
22	电子商务等新型营销模式	依靠互联网和移动互联网优势，扩宽新余市营销渠道，促进新余麻纺产业的发展。	分宜县	8 000	2017—2020

（续表）

序号	项目名称	建设内容	建设地点	投资（万元）	建设时间（年）
23	高产油茶标准化示范园建设	重点建设10个高产栽培示范基地，面积5万亩，低改示范园6个。	罗坊、凤阳等5个乡镇	6 000	2017—2020
24	油茶良种繁育体系建设	新增良种采穗圃3个，新增良种基地2个。培育出一批产量高、品质优、抗性强的油茶新品种，实现品种更新换代	罗坊、凤阳等5个乡镇	1 500	2017—2020
25	连片百亩中药材种植基地	建设连片百亩中药材种植基地6~8个，面积10万亩。	新余市各县（区）	10 000	2017—2020
26	中药材质量保障体系	建立新余市中药材质量保障体系，加强对中药材的检测和质监。	新余市各县（区）	3 000	2017—2020
六、农产品加工与物流				305 000	2017—2020
27	绿色有机农产品加工园区建设	占地1000亩，建设6个初加工车间，12个常温冷库，引进生产线19条，购买相关设备，配套建设办公、质检大楼等。	仰天岗区	40 000	2017—2020
28	优质粮油精深加工项目	建设1个年加工100万吨粮食，年产值10亿元以上的中型加工企业和5家年加工5万吨以上、年产值1亿元以上的中型企业；建设2个年产精炼油3万吨的食用油加工项目。	高新开发区	8 000	2017—2020
29	畜禽产品精深加工项目	新建1条生猪加工生产线，加工能力达到100万头；2条水禽宰加工生产线，加工能力达1 000万羽；1条肉牛屠宰加工生产线，加工能力达5万头。	渝水区	15 000	2017—2020
30	果树产业精深加工项目	开展蔬菜果汁、果蔬复合汁、蔬菜粉等产品生产；开发果冻、果酱、果脯、果酒、果醋、果脆片等以主导产品为主导产业的水果深加工产业。	渝水区	12 000	2017—2020

（续表）

序号	项目名称	建设内容	建设地点	投资（万元）	建设时间（年）
31	苎麻加工产业工程	采用研发苎麻纯纺、混纺高档纱及系列产品开发的工艺技术，形成年产 500 万米纯麻布料产品标准和质量管理标准。	分宜县	10 000	2017—2020
32	绿色有机农产品加工项目	包括有机大米、有机食用油、有机速冻肉品以及有机冷鲜肉、茶叶、有机水果等产品。	渝水区	20 000	2017—2020
33	农产品加工物流中心建设	建设集交易、仓储、运输、分拨、配送、装卸、包装、流通加工、信息服务、策划咨询等多种服务功能于一体，形成辐射新余市城及至赣西地区的综合物流园区。	渝水区	200 000	2017—2020
七、休闲农业				283 000	2017—2020
34	现代农业科技园参观项目	农家乐、渔家乐、葡萄酒庄、农业影视基地等。	仰天岗	30 000	2017—2020
35	百丈峰绿色有机生态农业园项目	绿色有机大米种植基地参观、旅游观光花果园、垂钓中心、农家乐客栈等。	渝水区	8 000	2017—2020
36	界水绿色有机蔬菜基地项目	依托蔬菜产业，发展有机蔬菜采摘、观光等。	渝水区	8 000	2017—2020
37	特色蜜桔观光生态园项目	建设新余特色蜜桔采摘区、游园区。	新余市各县（区）	12 000	2017—2020
38	万亩油茶观光园	依托生态油茶产业园，开发茶园休闲观光、高空滑翔、攀岩等项目，打造现代生态农业旅游景点。	渝水区	20 000	2017—2020

（续表）

序号	项目名称	建设内容	建设地点	投资（万元）	建设时间（年）
39	垂钓园项目建设	建设休闲垂钓接待服务中心与主题餐馆、专业化垂钓基地、渔业加工工艺及相关观赏鱼等娱乐设施。	昌坊村	5 000	2017—2020
40	现代农业文化创意产业园	建设5个现代农业文化创意示范区，建设智能温室，设计不同格式和功能的绿植墙，开展盆景艺术展示，定期开展盆景艺术展。建设田园写生区、田园雕塑等田园艺术展区。	新余市各县（区）	20 000	2017—2020
41	夏布刺绣文化创意产业园	将特色夏布与传统绘画、书法等巧妙融合，打造新余特色夏布刺绣创意园。	分宜县双林镇	30 000	2017—2020
42	花目生态旅游村	利用狮子口水库良好的生态环境及花目村淳朴的原乡风情，打造集农业生产交易、乡村旅游休闲度假、田园娱乐体验、田园生态享乐居住为核心的生态休闲度假村。	马洪办事处鲋口村委花目村	35 000	2017—2020
43	天工开物风情小镇	依托铃阳湖西岸风光，挖掘分宜老电厂、南京明城墙砖官窑遗址及3 000多亩连片的光伏电站等工业旅游资源，打造以新余工业旅游为特色的天工开物风情小镇。	铃阳湖西部沿湖	35 000	2017—2020
44	农耕文化园	建设4个农耕文化园、休闲农庄，重点建设乡村文化广场、农耕文化院、乡村艺术走廊等内容。	仙女湖区、渝水区、分宜县、高新区发展基础较好的乡镇	50 000	2017—2020
45	仙女湖生态休闲农业园	采摘果园、休闲农庄、度假山庄、农家乐、现代农业示范园区和乡村特色休闲游等为主要特点的多种休闲农业发展模式。	仙女湖区	30 000	2017—2020
八、"产业融合"生态循环农业				163 000	
46	规模化沼气工程	沼气建设与种植业和养殖业发展紧密结合，形成以户用沼气为纽带的"猪沼果（蔬）"等畜禽粪便循环利用模式。	罗坊等乡镇	30 000	2017—2020

（续表）

序号	项目名称	建设内容	建设地点	投资（万元）	建设时间（年）
47	区域生态循环农业示范项目	建设种养结合型农田消纳基地、畜禽养殖废弃物处理、秸秆综合利用等，单个生态循环农业基地达到 1 万亩以上。	新余市各县（区）	15 000	2017—2020
48	种养结合循环农业示范工程	支持 200 个新型经营主体等开展种养结合型循环农业试点。	新余市各县（区）	30 000	2017—2020
49	农产品加工副产品综合利用提升工程	选择 10 余家企业开展在秸秆生物腐化有机肥及过腹还田、稻壳米糠、外果皮及皮渣、畜禽骨血等循环利用试点。	新余市各县（区）	16 000	2017—2020
50	草食畜牧业饲草料基地建设	在平原粮食主产乡镇建设高效饲料水稻基地 5 万亩，在山区建设草山草坡饲草料基地 2 万亩。	新余市各县（区）	20 000	2017—2020
51	孔目江农业科技示范园	建成集"三新"农业、特色花卉、苗木种植、良种苗木繁育、高新农业产业孵化研发、商务博览、现代农业观光、乡村文化休闲等产业形态于一体；集农业科技培训与科普、农业高新技术研究、农业高新技术产品转化等功能于一体的综合性试验示范基地。以科技农业、示范农业和休闲旅游观光为主要功能，建成省内领先的现代化农业科技示范园。	渝水区	22 000	2017—2020
52	凤阳高效生态农牧示范园	以浩森东方高效生态农牧示范园为核心，结合规划中的凤阳农业废弃物处理中心，创建具有高产、高效可持续发展的高科技农牧结合生态示范园，带动周边种养业健康快速发展，推进区域农业规模化、集约化、产业化和现代化进程。	分宜县	15 000	2017—2020
53	绿色农业嘉年华	以循环农业科技示范展示、发展高效示范展示、发展模式展示等为基础，融入新余文化特色，发展休闲、发展农旅融合综合体。	罗坊镇	15 000	2017—2020

（续表）

序号	项目名称	建设内容	建设地点	投资（万元）	建设时间（年）
九、节水高效农业				10 600	2017—2020
54	节水高效农业示范区项目	建设3万亩田间节水工程，包括渠道硬化、田间节水配套等；建设1万亩现代节灌溉方式示范基地，推广喷灌、微灌、渗灌等现代高效节水工程技术。	新余市各县（区）	5 500	2017—2020
55	深耕深松改土节水技术示范	建设示范基地3 000亩，推广深耕深松、增施有机肥、秸秆还田、种植绿肥、轮作等。	新余市各县（区）	100	2017—2020
56	农田灌溉管理节水技术示范	组建农民管水协会，实现统一管水，推广浅湿灌溉、干湿灌溉、深蓄少免灌。	新余市各县（区）	500	2017—2020
57	水利设施改造提升工程	大力推进以大田管道灌溉为主的高效节水灌溉工程建设，建设高效节水灌溉工程，推进城乡供水一体化建设。	渝水区、分宜县等重点县区	3 500	2017—2020
58	水利工程维修养护项目	安排农田水利工程长效管护奖补资金，以行政村为单元推进农田水利工程设施日常运行管理。	新余市各县（区）	1 000	2017—2020
十、化肥、农药减量化				2 000	2017—2020
59	测土配方施肥工程	年推广应用测土配方施肥面积达100万亩，每年新增配肥终端机用户2 000户，每年为10个农民专业合作社或种粮大户服务。	新余市各县（区）	300	2017—2020
60	耕地质量保护与提升工程	建设30个耕地质量长期定位监测点，推广改土配肥新技术；开展全市耕地质量详查。	新余市各县（区）	1 000	2017—2020
61	农药减量增效工程	建设市级农药减量增效试验室、有害生物抗药性监测点和农药减量示范区1万亩，完善农药减量增效试验示范基地2000亩；提高10个基层植保社会化服务组织，建设10个农药包装废弃物一回收和集中处理点。	新余市各县（区）	700	2017—2020

（续表）

序号	项目名称	建设内容	建设地点	投资（万元）	建设时间（年）
十一、	农业废弃物资源化			3 900	
62	畜禽规模养殖粪污处理工程	建设粪污集中处理利用工程 4 处，重点进行畜禽舍改造，畜粪便收集处理系统等资源化综合利用设施。扶持生态养殖模式 6 处。	新余市各县（区）	800	2017—2020
63	畜禽粪便有机肥工程	建设畜禽粪便有机肥厂 2 个，在果园、茶园、农田等建立 3 处有机肥使用示范基地。	新余市各县（区）	300	2017—2020
64	秸秆肥料化利用工程	建设 4 个秸秆还田示范点，实施机械化还田补贴，配套建设秸秆储存、加工设备，扶持年利用 1 万吨以上秸秆有机肥生产企业。	新余市各县（区）	200	2017—2020
65	秸秆培养食用菌工程	建设 3 个以稻麦秸秆为主要基料的食用菌处理中心，添置秸秆加工设备，年利用秸秆 5 万吨。	新余市各县（区）	500	2017—2020
66	秸秆饲料化工程	建成年利用秸秆 5 万吨以上大型饲料企业 3 家。	新余市各县（区）	1 500	2017—2020
67	农膜回收循环利用工程	引导农民采用厚度 0.01 毫米以上地膜，建设地膜高效利用示范区，废旧地膜回收网点 5 个。	新余市各县（区）	600	2017—2020
十二、	重金属污染耕地修复			2 700	
68	重金属污染耕地修复	摸清污染源的类型、排污量、分布及污染治理建设施等现状，建立污染源档案，关停并转达限期治理的清单。	新余市各县（区）	1 200	2017—2020
69	达标生产区修复治理工程	以村或乡镇为单元组建服务组织，集中实施修复技术措施，巩固修复治理效果；对部分尚未达标耕地强化修复治理措施，增施土壤调理剂。	新余市各县（区）	1 000	2017—2020

（续表）

序号	项目名称	建设内容	建设地点	投资（万元）	建设时间（年）
70	管控专产区修复治理工程	进一步探索完善"四专一封闭"（即"专用品种、专区生产、专企收购、专仓储存、封闭运行"）模式。	新余市各县（区）	500	2017—2020
十三、可持续发展支撑能力建设				53 600	2017—2020
71	经营主体培育专项（含电子商务试点）	新型农民培训、新型经营主体服务体系建设。	新余市各县（区）	500	2017—2020
72	核心龙头企业培育	用于招商、配套政策支持、重点企业贷款贴息等方面。	新余市各县（区）	8000	2017—2020
73	经营性农业服务组织发展项目	培育产业规模大、辐射带动力强的合作社和农业技术服务组织，开展托管和生产服务。	新余市各县（区）	500	2017—2020
74	农产品与环境监管（含农产品质量追溯试点）	建立农产品质量安全追溯与监管体系和打造农产品质量安全追溯公共服务平台。	新余市各县（区）	800	2017—2020
75	农业标准化示范园（基地）升级项目	新建、扩建农业标准化示范园区30个，新增农业标准化基地20个，分别新建农产品质量安全示范园区和农产品质量安全示范镇10个、村5个。	新余市各县（区）	30 000	2017—2020
76	农产品质量安全监管能力提升项目	以新余市农产品质量检测中心为龙头、加强区、镇、村、生产基地、生产企业投入品监测站点为基础的农产品质量安全监管检测体系、农业投入品监测范围全面提升。	新余市各县（区）	800	2017—2020

（续表）

序号	项目名称	建设内容	建设地点	投资（万元）	建设时间（年）
77	科技创新集成与推广	集中在科技创新集成示范项目基础施设建设、技术引进、贷款贴息等方面。	新余市各县（区）	10 000	2017—2020
78	农业产业化担保公司风险补偿项目	新增注册资本金，增加融资担保能力额度，提高单个项目担保规模。	渝水区	3 000	2017—2020